北京筑邦建筑装饰工程有限公司
北　京　建　筑　大　学　组织编写

BIM技术室内设计

张磊　杨琳　编著

中国水利水电出版社
www.waterpub.com.cn

内 容 提 要

建筑信息模型（BIM）技术不仅在建筑设计中得以广泛应用，其在室内设计中的应用也在迅速推进。本书结合实际项目案例，对基于Revit软件的BIM技术在室内设计中的应用予以系统整理总结，内容包括：BIM与室内设计、室内设计的BIM工作模式、BIM技术室内设计应用实例、BIM技术室内应用标准（企业级）。书后还附有专业术语、主要BIM应用软件、BIM技术在国内重大建设项目中的应用等附录。

本书适合建筑设计、室内设计、环境设计等专业人士及公司管理人士参考使用，也可用于上述专业院校师生作为培训教材使用。

图书在版编目（CIP）数据

BIM技术室内设计 / 张磊，杨琳编著 ; 北京筑邦建筑装饰工程有限公司，北京建筑大学组织编写. -- 北京 : 中国水利水电出版社，2016.5(2020.1重印)
ISBN 978-7-5170-4337-9

Ⅰ. ①B… Ⅱ. ①张… ②杨… ③北… ④北… Ⅲ. ①室内装饰设计－计算机辅助设计－应用软件 Ⅳ. ①TU201.4

中国版本图书馆CIP数据核字(2016)第106485号

书　　名	BIM技术室内设计
作　　者	北京筑邦建筑装饰工程有限公司　北京建筑大学　组织编写 张　磊　杨　琳　编著
出版发行	中国水利水电出版社 （北京市海淀区玉渊潭南路1号D座　100038） 网址：www.waterpub.com.cn E-mail：sales@waterpub.com.cn 电话：（010）68367658（营销中心）
经　　售	北京科水图书销售中心（零售） 电话：（010）88383994、63202643、68545874 全国各地新华书店和相关出版物销售网点
排　　版	北京时代澄宇科技有限公司
印　　刷	天津嘉恒印务有限公司
规　　格	210mm×285mm　16开本　9印张　213千字
版　　次	2016年5月第1版　2020年1月第2次印刷
印　　数	3001—5000册
定　　价	42.00元

编 委 会

主　　任　孟建国　陈静勇

副 主 任　朱宁克　郭晓明

编　　委　董　强　邹　越　杨　振　张　静　杨金枝
韩　昱　王米来　周　琮　陈宇杰

编　　著　张　磊　杨　琳

出版资助　北京建筑大学设计学（含工业设计工程）学科建设项目
北京筑邦建筑装饰工程有限公司

序

美国 Building SMART International 对 BIM 的定义是：BIM 是首字母的缩写，以下三者之间既互相独立又彼此关联：

Building Information Model：建筑信息模型是一个设施物理特征和功能特性的数字化表达，是该项目相关方的共享知识资源，为项目全寿命周期内的所有决策提供可靠的信息支持。

Building Information Modeling：建筑信息建模的应用是建立和利用项目数据在其全寿命期内进行设计、施工和运营的业务过程，允许所有项目相关方通过不同技术平台之间的数据在同一时间利用相同的信息。

Building Information Management：建筑信息管理是指利用数字原型信息支持项目全寿命期信息共享的业务流程组织和控制过程。建筑信息管理的效益包括集中和可视化沟通、更早进行多方案比较、可持续分析、高效设计、多专业集成、施工现场控制、竣工资料记录等。

由此可见，美国 Building SMART International 认为 BIM 是由建筑信息模型、建筑信息建模应用和业务流程信息管理等三个既相互独立又相互关联的要素组成的整体。

BIM 技术可应用于建筑全生命周期，可以应用于房屋建筑、土木工程、机电设备工程等各个领域，可以为业主方、设计方、施工方、供应方、工程咨询方等应用。BIM 技术具有可视化、优化性、协调性、模拟性、可出图等特点。全球建筑业正在进行着一场以使用 BIM 技术来推动的信息和产业革命最终会导致建筑产业升级，美国、英国、日本、新加坡和韩国等发达国家为 BIM 的发展制定了战略目标和发展路径，持续推出发展的政策和标准。我国曾将 BIM 技术作为国家科技部的重点研究项目，并被住房和城乡建设部确认为建筑信息化的最佳解决方案。住房和城乡建设部在《2011—2015 年建筑业信息化发展纲要》中提出了加快建筑信息模型（BIM）应用的总体目标，并于 2015 年 6 月 16 日专门颁布了《关于推进建筑信息模型应用的指导意见》。2015 年 10 月 16 日，住房和城乡建设部副部长易军在 BIM 技术促进建筑产业现代化高层论坛发表讲话，他认为："谁掌握 BIM，谁就赢得未来。"北京市已经率先颁布民用建筑信息模型的设计标准；上海市规土局 2013 年 8 号文件规定在项目竣工交付验收时提交三维竣工模型，上海住建委颁布了《上海市建筑信息模型技术应用指南（2015 版）》；深圳市建筑工务署颁布了《深圳市建筑工务署政府公共工程 BIM 应用实施纲要》和《BIM 实施管理标准（2015 版）》。

BIM（建筑信息模型）技术在建筑设计过程的应用为室内设计提供了充分的条件，也为工程施工、产品加工、运行维护等建筑全生命周期的各个阶段带来了极大的便捷性，是未来智慧城市的单体信息基础。

BIM技术带来从建筑设计到室内设计、虚拟现实展示、碰撞检测和材料统计等一体化设计，将BIM技术运用到室内设计中，对室内设计中的构造、材质进行了详细的记录，生成了详细的明细表，施工图、详图等，在完成方案设计的同时，也完成了施工图绘制，有很高的应用价值。在BIM中直接调入预设好的三维室内家具、设备、陈设等模型，协助完成最终效果图，设计师可以利用三维模型在任意的视角上推敲设计，确定材料材质、饰面颜色、灯光布置、固定设施等细节影响着设计的最终效果。BIM技术还可以自动统计工程量，从模型中生成各种门窗表、材料表以及各种综合表格十分容易。要统计装饰构件的数量、价格、厂家信息也十分方便。并且根据统计结果可以很好地掌握后期材料用量，对控制成本及环保设计都具有重要的现实意义。

我国早在奥运工程中即开展了BIM技术的应用。2010年是我国BIM技术大力推广和广泛应用的元年。目前，BIM技术的推广和应用已经形成了热潮，全国建筑业关于BIM技术的推广和应用的研讨会层出不穷，各种研讨会和培训会囊括了工程实践业界、软件开发商、各种建筑有关的协（学）会、学界和政府有关部门。

BIM技术的发展在于人才的培养。北京建筑大学是北京市和住房城乡建设部共建高校，是“北京城市规划、建设、管理的人才培养基地和科技服务基地”“北京应对气候变化研究和人才培养基地”和“国家建筑遗产保护研究和人才培养基地”，是北京地区唯一一所建筑类高等学校，是一所具有鲜明建筑特色、以工为主的多科性大学。目前正在持续更新和修改培养方案，将BIM技术的应用和推广的最新科研和实践成果反映到本科教育中，在基于BIM技术理解的基础上对本科教育的课程设置和教学大纲进行了修订，初步形成了基于BIM的人才培养方案。在研究生教育层面，积极进行有关BIM在工程建设各个领域中的科研探索，构建了基于BIM技术的建筑全生命周期的仿真实验室，开展了多项课题的研究和探索，发表了各种学术论文，取得了多项国家和省部级科研奖励。北京建筑大学在BIM技术的教育培训、科研和人才培养中初步取得了丰硕的成果，目前正在和各界同仁一起努力推广和应用BIM技术，为我国建筑业的发展和产业升级做出自己应有的贡献。《BIM技术室内设计》的出版将拓宽BIM技术适应的领域和范围，对建筑室内设计水平的提高具有很高的应用价值。

中国建筑学会建筑施工分会BIM应用专业委员会副理事长

北京建筑大学经济与管理工程学院院长、教授

姜军

2016年春于北京

前　　言

BIM在国内建筑设计领域的应用早已经不新鲜，2008年众多的奥运工程，以及后来的许多地标建筑，或多或少都运用了BIM。成功案例不时见于各种媒体，引起建筑工程建设各方的持续关注。令人遗憾的是，在室内设计中对BIM的应用却是少之又少，鲜有耳闻。

最主要的原因是目前的BIM平台软件都是外国企业研制开发，针对国际建筑行业的专业划分，具备建筑设计、结构设计、电气设备设计专业的软件，没有针对中国特色的室内设计的软件，而国产软件的开发才刚刚开始。

一方面是因为BIM的技术难度较大，室内设计师大多在计算机应用技术和数理逻辑方面较为薄弱，学习BIM困难重重；另一方面是BIM已经成为各个设计企业的核心竞争力之一，企业对与在BIM领域的研究成果都非常看重，相互交流时只是泛泛而谈，或者只说成果不谈技术。

这些都无益于中国室内设计行业的发展。北京筑邦建筑装饰工程有限公司，作为中国室内设计行业“十大最具影响力企业”“十佳设计机构”，联合北京建筑大学开展BIM研究近四年，并积极在具体项目中实践，取得了初步的成果。

中国的室内设计迫切需要BIM。在建筑工程中，最为消耗资源的就是建筑装修，从公共建筑到住宅都是如此。酒店会每六到七年重新装修，办公楼更换租户会重新装修，住宅每次买卖之后会重新装修，即便是旧建筑的再利用，对内部同样是重新装修，所以最大限度地节约材料、回收利用是极为重要的，而BIM正是能够用于建筑全生命周期的技术和工具。

多年以来，由于室内环境污染引起的疾病已经众所周知，耳熟能详了。室内设计师能够把责任都归结于装修材料厂家吗？这些材料是谁在设计中选择、应用的？室内设计师能否告诉使用者你所设计的室内环境有害物质的种类、含量？是否有改善的措施？绿色建筑评价标准已经提出了上述要求，BIM正是重要的技术手段。

北京筑邦建筑装饰工程有限公司作为中国室内设计行业唯一的央企，有义务为行业发展做出贡献，尽快推进BIM在室内设计中的应用，这就是编写这本书的初衷。

紧张的工作之余学习BIM，研读600多页的英文书籍《BIM手册》（*BIM Handbook*），学习 Revit 软件，摸索应用于项目的特点和优劣，指导课题组不断尝试，不断碰壁，坚持三年，颇费精力，在此衷心感谢孟建国董事长、董强院长等单位领导及课题组同仁的鼎力支持，感谢北京建筑大学杨琳老师、朱宁克老师、邹越老师和各位学生的辛苦工作和支持，也感谢我的家人，鼓励和鞭策我努力学习。

此书的编写还很肤浅，必然存在瑕疵，在此抛砖引玉，希望能够为 BIM 在室内设计中的推广应用做一点工作，更欢迎大家批评指正。

张　磊

2015 年冬至

目录

第1章 BIM与室内设计

1.1 BIM 技术的发展

1.1.1 BIM 的定义

BIM（Building Information Modeling，建筑信息模型）是近年来被誉为“第二次建筑设计革命”的一项建筑数字技术，是建筑业继第一次设计革命——“甩图板”（由电脑绘图替代手工绘图）之后一个更重要的技术跨越。BIM 技术可以使建筑全生命周期内所有参与方（包括政府主管部门、业主、设计师、施工方、监理方、运维方、用户等）都能够在建筑信息模型（数字虚拟表现的真实建筑物环境）中工作，从而提高工作效率，以及减少错误和风险。

维基百科中对 BIM 的定义是：由完全和充足信息构成以支持生命周期管理，并可由计算机应用程序直接解释的建筑或建筑工程信息模型❶。美国国家 BIM 标准对 BIM 的定义为：“BIM 是一个设施（建设项目）物理和功能特性的数字表达；BIM 是一个共享的知识资源，是一个分享有关这个设施的信息，为该设施从概念到拆除的全生命周期中的所有决策提供可靠依据的过程；在项目不同阶段，不同利益相关方通过在建筑模型中插入、提取、更新和修改信息，以支持和反映其各自职责的协同作业。”❷ 图 1.1 为 BIM 概念螺旋示意图。

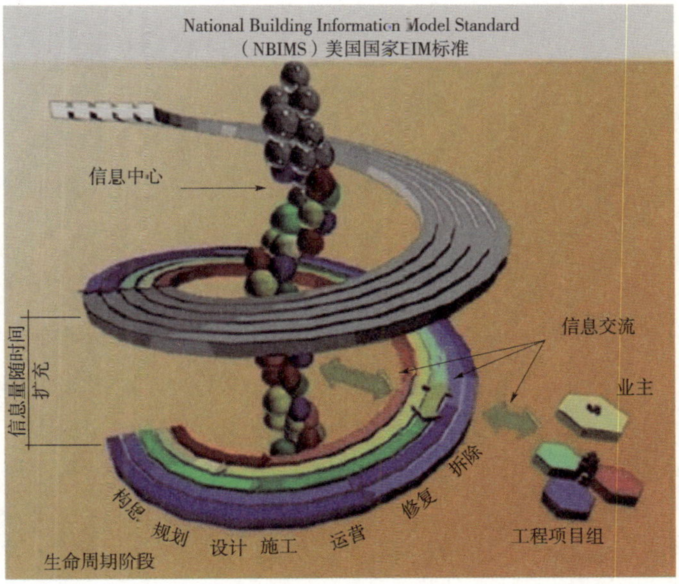

图 1.1 BIM 概念的螺旋示意图（图片来源：陶敬华 .BIM 技术和 BIM 理念及其在海洋工程结构设计中的应用研究 [D]. 天津大学，2008.）

1.1.2 BIM 理论的发展

BIM 的基本理念是以建筑工程项目的各项相关信息数据作为模型的基础，进行建筑模型的建立，通过数字信息模拟建筑物所具有的真实信息。项目的三维建筑信息模型不但可以提取所需的图纸和图表（包括剖面和立面、演示图形、渲染和施工详图等），还能进行数量统计和价格估算，因此能够与目前的设计成果完全对接。

❶ 维基百科. http://zh.wikipedia.org/wiki/建筑信息模型#cite_note-1.

❷ 何关培. BIM总论[M]. 中国建筑工业出版社，2011.

最早关于 BIM 的理论思想研究可以追溯到 1975 年，由卡内基・梅隆大学（Carnegie Mellon University）建筑与计算机科学专业的查理・伊士特曼（Charlie Eastman）博士提出，他在美国建筑师协会（AIA）杂志《建筑师》（Architect）上发表的“Building Description System”（建筑描述系统）工作原型，与现在定义的 BIM 概念有一定相似性。

1984 年，匈牙利 Graphisoft 公司[❶]研发出计算机辅助建筑设计软件 ArchiCAD，并提出了以计算机辅助建筑设计为核心的“虚拟建筑”设计理念。受当时的计算机硬件水平的限制，“虚拟建筑”理念与技术并未得以广泛应用。

1986 年任职于 GMW 计算机公司的罗伯特・艾什（Robert Ash）提出了“Building Modeling”的概念：它包括三维建模、自动成图、智能参数化组件、关系数据库、实时施工进度计划模拟等。

2002 年，欧特克（Autodesk）公司提出了 BIM（Building information Modelling）的概念，并致力于在建筑设计领域运用 BIM 技术的“虚拟建筑”设计软件开发及标准研究，以取代二维 CAD 设计。同年，欧特克公司副总菲尔・伯恩斯坦（Phil Bernstein）在国际建筑师协会（UIA）公开提出 BIM 这个词和概念。行业分析家杰瑞・莱瑟林（Jerry Laiserin）发表了文章《比较苹果和橘子》（Comparing Pommes and Naranjas），将 BIM 作为一个专门术语推广开来。

1.1.3 BIM 技术软件平台发展现状

BIM 技术的实现和应用都离不开 BIM 软件。BIM 技术不是单个软件的开发和应用，也不是某一类软件所能涵盖的。BIM 技术涉及建筑全生命周期的各个不同阶段、不同专业各方的协同、各参与方的应用，绝不可能是单一软件所能完成的。从世界范围来看，目前常用的 BIM 软件数量就有几十个之多。从类型上分，BIM 软件大致可分为 BIM 方案设计软件、与 BIM 接口的几何造型软件、可持续分析软件、机电分析软件、结构分析软件、可视化软件、模型检查软件、深化设计软件、模型综合碰撞检查软件、造价管理软件、运营管理软件、发布和审核软件等[❷]。本书附录一对各类 BIM 软件作了统计。

1.1.4 BIM 技术国外发展及应用现状

BIM 概念起源于美国，并逐渐被欧洲各国、日本、韩国、新加坡等发达国家广泛认同并采用。BIM 的应用在一些发达国家已经达到了很高的普及率。美国建筑师协会在 2006 年曾预言说：“不懂 BIM 的建筑师会在不久的将来失去竞争力甚至失去工作。”美国 BIM 技术的应用已具有相当大的规模，建筑业已有一半以上的机构都在使用 BIM，各大设计事务所、工程公司和建设方纷纷在项目中主动应用 BIM，政府和行业协会也适时出台了各种 BIM 标准。2004 年美国编制了基于 BIM 技术的《国家 BIM 标准》（National Building Information Model Standard，NBIMS）。2009 年，美国发布《BIM 项目实施计划指南》。有统计数据表明，2009 年美国建筑业 300 强企业中 80% 以上都应用了 BIM 技术。美国

❶ Graphisoft公司成立于1982年，由匈牙利一群建筑师与数学家共同开发，至今一直致力于开发专门用于建筑设计的三维CAD软件，是三维建筑设计软件行业的领先者，可以说是BIM的始祖之一。

❷ 何关培. BIM和BIM相关软件[J]. 土木建筑工程信息技术，2010（4）.

政府负责建设的项目，要求全部使用 BIM 技术。

英国建筑业 BIM 标准委员会于 2009 年发布《英国建筑业 BIM 标准》[AEC（UK）BIM Standard]，2011 年发布了适用于 Revit 和 Bentley 系列软件的英国建筑业 BIM 标准。2011 年 5 月，英国政府内阁办公室发布《2011—2016 政府建设战略》（Government Construction Strategy），规定自 2016 年起，所有的政府工程都必须按照规定应用 BIM 技术，这意味着 BIM 技术已被纳入英国政府强制要求。规定包含：① BIM 协议，用于规定应建立的模型以及各参与方对模型的义务、责任和限制；②雇主信息需求，即业主对 BIM 信息管理的需求，包括软件、硬件、数据标准、安全标准等；③信息管理服务范围，相当于 BIM 合同标准文本；④责任保险指南，用于明确界定 BIM 技术应用涉及的责任；⑤基于 BIM 技术的建设项目交付阶段信息管理规范，提出了各阶段的数据交付标准等。

麦克劳-希尔（McGraw-Hill Construction）公司是业内对 BIM 采用率评估相对权威的发布机构。2009 年公司发布了北美智能市场报告，调查显示美国西海岸 56% 的专业人士在使用 BIM，中西部为 52%，南部为 45%，东北部为 38%；加拿大拥有 48% 的 BIM 使用率。2010 年公司发布了《BIM 在欧洲的商业价值》调查报告，对比了欧洲和美国的应用情况，其中英国有 35% 专业人士采用 BIM，法国为 38%，德国为 36%[1]。2012 年公司发布了《北美 BIM 商业价值评估报告（2007—2012）》，数据显示整个北美地区的 BIM 应用从 2007 年的 17% 上升到 2012 年的 70%，5 年内翻了 4 倍以上[2]。这惊人的发展速度足以证明 BIM 的商业价值之高、行业认可度之广。

芬兰政府物业管理机构——参议院附属机构（Senate Properties）于 2007 年正式发布了 BIM Requirements 2007。BIM Requirements 2007 共分为 9 卷，以项目各阶段与主体之间的业务流程为蓝本，包括总则、建模环境、建筑、机电、构造、质量保证和模型合并、造价、可视化、机电分析等内容。该标准要求在设计阶段，对各专业之间协作的内容进行约束和管理，明确定义 BIM 架构的各项要求，并要求开发自适应的分类系统。

韩国多个政府部门都制定了 BIM 应用标准，如韩国国土海洋部、教育科学技术部、公共采购服务中心（Public Procurement Service）等。韩国公共采购服务中心下属的建设事业局制定了 BIM 实施指南和路线图，并于 2010 年 1 月发布《建筑领域 BIM 应用指南》。具体路线为：2010 年 1 ~ 2 个大型施工 BIM 示范使用；2011 年 3 ~ 4 个大型施工 BIM 示范使用；2012—2015 年间 500 亿韩元以上建筑项目全部采用四维的设计管理系统；2016 年实现全部公共设施项目使用 BIM 技术。韩国的主要建筑公司如现代建设、三星建设、GS 建设、大宇建设等都在积极采用 BIM 技术。

新加坡政府对建筑信息技术的敏锐度较高，在 1995 年启动了建筑信息化项目 CORENET（Construction and Real Estate NETwork），其目的是将建筑工业琐碎的业务联系起来，形成整合的建筑体系，提高建筑的质量和生产效率。2011 年，新加坡建筑管理署要求 2013 年起所有政府项目必须提交建筑 BIM 模型，并于 2014 年达到 100% 交付结构与机电 BIM 模型的目标，最终在 2015 年前所有建筑面积大于 5000m^2 的项目都必须提交 BIM 模型。2012 年 5 月新加坡正式发布了《新加坡 BIM 指南 1.0》，成为亚洲范围

❶ 清华大学BIM课题组. 中国建筑信息模型标准框架研究[M].中国建筑工业出版社，2011.
❷ 欧阳东. BIM技术：第二次建筑设计革命[M]. 中国建筑工业出版社，2013.

内继韩国之后第二个正式发布 BIM 标准的国家。

日本国土交通省的官厅营缮部门于 2010 年宣布将在其管辖的建筑项目中推进 BIM 技术。日本在制定标准方面做出了很多努力，包括建立建设领域信息化框架、研制相应的标准、开发相应的系统、进行示范应用和进行实际应用。日本建设领域信息化框架的主要内容包括工程项目信息的网络发布、电子招投标、电子签约、设计和施工信息的电子提交、工程信息在使用和维护阶段的再利用、工程项目业绩数据库应用等。相应的标准研制和系统开发已经基本完成并投入使用，阶段性目标如期实现。

1.2 BIM 技术国内应用现状

国内较早开展 BIM 技术应用的是香港。2002 年，香港工务局发布了环境可持续性设计 ESD（Environmentally Sustainable Design）咨询报告，其目标是通过电子方式在项目工程的实现阶段为不同参与方的交流和信息共享提供服务。2006 年，香港房屋署开放了企业内部的管理系统 HOMES（Housing Construction Management Enterprise System，房屋建造管理企业系统）。2009 年，香港 BIM 学会成立，开始推广 BIM 技术，同年 11 月发布 BIM 应用标准，使其新建项目总造价降低 25%~30%。香港房屋署副署长冯宜萱提出，到 2015 年 BIM 技术将覆盖香港房屋署的所有项目。

2007 年 11 月，中国勘察设计协会主办了“全国勘察设计行业信息化发展技术交流论坛”，首次在全国性的行业会议上讨论了 BIM 在建筑设计中的革新及运用。同年中国建筑标准设计研究院提出《建筑对象数字化定义》（JG/T 198—2007）标准，对工业基础类（Industry Foundation Class，IFC）进行一定规范。

2008 年，中国建筑标准设计研究院发起成立 buildingSMART 中国分部，由于此时 BIM 环境并不成熟，运营未取得良好的效果。10 月，中国建筑学会举办了建筑信息模型主题研讨会，探讨如何在国内工程建设行业中推广 BIM。同年中国建筑科学研究院、中国标准化研究院等单位共同起草了《工业基础类平台规范》（GB/T 25507—2010）。

图 1.2　上海中心大厦效果图

2010 年 1 月，清华大学举办了“BIM 对中国建筑业未来影响及中国 BIM 标准的研究制定专家讨论会”，并于 11 月向社会公布了《中国 BIM 标准框架体系研究报告》。中国房地产协会商业地产专业委员会发布了《中国商业地产 BIM 应用研究报告》，用于指导和跟踪商业地产领域 BIM 技术的应用和发展。同年，国内在建的第一高楼、上海中心大厦（图 1.2）项目宣布在其设计、施工和运营管理过程中全面使用 BIM 技术，并预计于 2015 年完成施工，成为第一个由业主主导、在建筑全生命周期应用 BIM 技术的标杆。

2011 年，住房和城乡建设部发布建筑业“十二五”规划，即《2011—2015 年建筑业信息化发展纲要》。“纲要”明确指出：在设计阶段积极推进协同设计技术的普及应用；探索基于 BIM 技术的三维设计技术，提高参数化、可视化、性能化设计；积极探索项目全生命周期管理（PLM）技术的研究和应用，实现工程全生命期信息的有效管理和共享；研究高性能计算技术在超高、超长、大跨等复杂工程设计中的应用；在施工阶段开展 BIM 技术的研究与应用，推进 BIM 技术从设计阶段向施工阶段的应用延伸，降低信息传递过程中的衰减；研究基于 BIM 技术的四维项目管理信息系统在大型复杂工程施工过程中的应用，实现对建筑工程有效的可视化管理等。

BIM 提供的信息模型，使模型不再只作为二维图纸的附属，仅用来为交流和展示提供方便，而作为整个设计的可视化载体，贯穿设计过程始终。因此，基于 Revit 的设计过程的信息流明显区别于传统三维信息流，如图 1.3、图 1.4 所示。

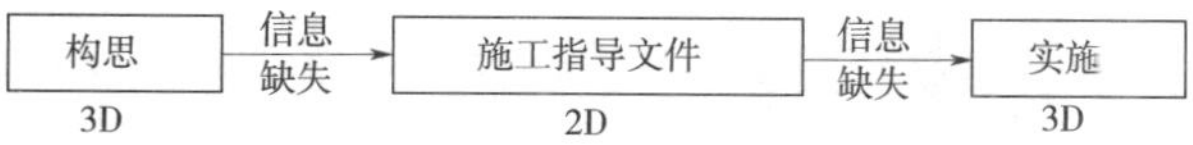

图 1.3 传统三维建模过程信息流

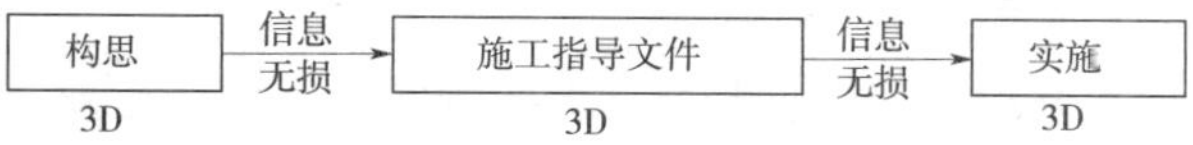

图 1.4 Revit 建模过程信息流

在使用 Revit 进行设计的过程中，方案始终在三维平台上进行推敲，模型实际上是真实三维空间的虚拟；同时可以集成所需的真实信息，这些信息基于同一个三维模型，在调整过程中不会因转换造成信息折损，相当于用计算机对项目做出真实模拟。对设计师来说，这的确可称为革命性的设计模式，为设计过程提供前所未有的便利，使设计意图得以更加准确、完整、直观地表达，提升方案品质变得有章可循，设计意图得以更好地落地。

2012 年，住房和城乡建设部发布《关于印发 2012 年工程建设标准规范制定修订计划的通知》，标志着我国 BIM 标准制定工作正式启动。

2013 年 8 月，住房和城乡建设部发布《关于推进 BIM 技术在建筑领域内应用的指导意见（征求意见稿）》。其中明确要求：2016 年以前政府投资的 2 万 m^2 以上大型公共建筑，以及省绿色建筑项目的设计、施工采用 BIM 技术；截至 2020 年，完善 BIM 技术应用标准、实施指南，形成 BIM 技术应用标准和政策体系。

2014 年 5 月，北京质量技术监督局与北京市规划委员会联合发布《民用建筑信息模型设计标准》，提出 BIM 的资源要求、模型深度要求、交付要求是在 BIM 的实施过程规范民用建筑 BIM 的设计。同年 7 月，《建筑装饰装修工程 BIM 实施标准》（中国建筑装饰协会标准）首次编制工作会议作出了“BIM 在我国快则两三年将在重点工程、一级装饰企业中推广普及”的重大判断。

2014 年 10 月，上海市政府正式发布《关于本市推进建筑信息模型技术应用的指导意见》；11 月，国家标准《建筑工程信息模型应用统一标准》送审。2014 年 12 月，由上海施工行业协会联合上海鲁班企业管理咨询有限公司共同编制的《2014 施工企业 BIM 应用现状研究报告》发布。不难看出，BIM 技术的应用正在快速推进。

与此同时，我国 BIM 典型应用案例的数量也在不断增加（附录 3）。同时，业主对 BIM 的认知程度也在提升，如 SOHO 中国董事长潘石屹已将 BIM 技术作为 SOHO 未来三大核心竞争力之一；万达、龙湖等大型房地产企业也在积极探索 BIM 应用。

1.3 室内设计与 BIM

1.3.1 传统计算机辅助技术面临挑战

一般建筑全生命周期要经历 5 个阶段：可行性研究阶段，方案设计、初步设计与施工图设计阶段，施工及施工验收阶段，交付使用、管理与维护阶段和销毁阶段❶。传统计算机辅助技术如 CAD（Computer Aided Design，计算机辅助设计）、CAE（Computer Aided Engineering，计算机辅助工程）、PDM（Product Data Management，产品数据管理）等，主要着眼于工程的某个阶段或几个阶段，没有基于建筑全生命周期的通盘考虑，或是没有足够的技术能力掌控全局。

BIM 技术关注建筑全生命周期的状况，有效地实现了各个专业之间的集成化协同设计，充分提高设计信息的共享与利用，每一个环节产生的信息能够作为下一个环节的工作基础，保证信息的准确性和一致性，同时为沟通和协作提供支撑平台，实现项目各参与方之间的信息交流和共享，提高了方案、设计、施工、运营等各阶段的效益，并与建筑工业化、装配化的发展联系紧密。

传统计算机辅助技术仍以二维图纸为结果，包括平面图、立面图、剖面图、局部详图、设计说明、材料表等设计图纸。对于复杂的大型项目，图纸的二维数据在不同专业、工程不同阶段的传递难免产生信息损失或失真。而 BIM 技术以信息模型数据库为统一基础平台，有效解决了信息传递与沟通（图 1.5）。

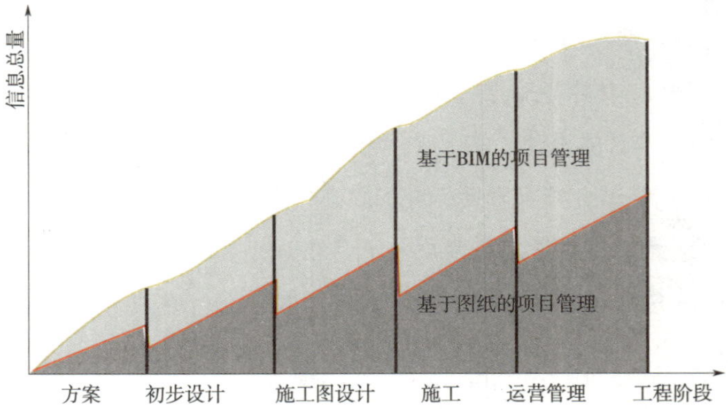

图 1.5 两种信息传递关系对比

传统计算机辅助室内设计主要采用 Auto CAD 等设计软件进行二维图纸设计，在 3ds Max 等三维软件中制作三维模型渲染效果图，这种工作模式与传统手工绘图方法步骤类似，只是利用了计算机作为媒介，比手工绘图更为高效和精准，但三维图纸与三维模型之间是分离的，并未大幅度提高设计师的工作效率。由于以二维的平面、立面、剖面图表达三维建筑空间，容易出现图纸表达冲突的问题❷。BIM 技术以模型为本，数据信息实时联动，图纸由模型直接导出，有效避免了图纸表达相互矛盾的问题。这种工作模式同时减少了设计师的绘图工作量，从而可以将更多的精力投入到设计的推敲中去。

❶ 葛文兰. BIM第二维度——项目不同参与方的BIM应用[M]. 中国建筑工业出版社，2011.

❷ 刘烈辉. 信息化时代的室内设计——建筑信息模型及其在室内设计中的应用[J]. 装饰，2010.2（总第202期）.

1.3.2 室内设计为什么需要 BIM

室内设计是建筑设计的室内空间，是建筑设计的延续、深化和再创造，是根据建筑物的使用性质、所处环境和相应标准，运用物质技术手段和建筑设计原理，创造功能合理、舒适优美、满足人们物质和精神生活需要的室内环境。数字化信息技术的发展不仅使我们的生活方式、工作方式发生改变，同时也为室内设计带来了新的表现技术和表现模式。

BIM 技术贯穿建筑全生命周期，模型是信息的载体，信息是模型的核心。

在设计阶段，设计师运用 BIM 技术可以对室内空间性能进行预测和优化，如节能模拟、日照及照明模拟、紧急疏散模拟、装饰主材与造价模拟等。信息模型将设计方案和投资回报分析实时结合，可以计算出设计变更对投资的实时影响，从而有效控制成本风险，为业主提供最佳策略和预算。

室内设计的空间较建筑空间更为细致、复杂，应用 BIM 技术建立的三维模型，输入的数据和信息可以从模型里方便调用，实现室内空间信息可视化（图 1.6），便于设计师在设计阶段推敲和完善设计。同时，可视化模型搭建了设计师和业主、施工团队、运维团队之间沟通的桥梁，让设计师能以更有效的方式表达设计意图，真正实现所见即所得。BIM 技术为专业间协同设计提供了平台，以实时协同、阶段性协同、三维校审的工作方式，及时解决各种错漏碰缺，提高设计质量。

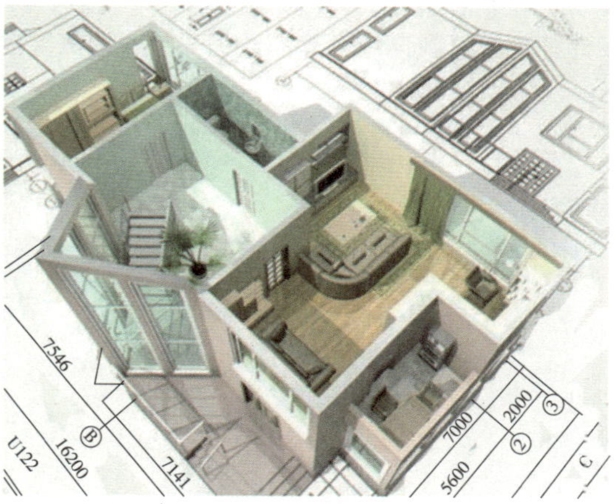

图 1.6　信息可视化的设计模式

对于采用装配化设计的项目，应用 BIM 技术可以在设计阶段结合工业设计考虑构件的生产、加工、安装问题，促进建筑工业化。

在指导施工方面，应用 BIM 技术可进行施工流程的模拟研究，在虚拟世界中预演施工进程，从而确定最合理的施工方案来指导施工。

BIM 还可以与云技术结合，将图纸、BIM 模型、照片、文本等工程资料上传到云空间，无论是设计师、现场施工监理人员还是身在异地的业主都可以通过联网的计算机、手机、平板电脑等终端进行快速查阅和批注，实时地处理事务（图 1.7）。

在运维、管理方面，BIM 技术与物联网技术为建筑运营维护提供了一个统一高效的管理平台，为建筑物的所有构件和设备赋予了感知能力和生命力，将建筑物的运行维护提升到智慧建筑的全新高度。运营维护累积的信息数据对于管理具有很大的价值，可以通过数据分析发现存在的问题和隐患，也可以优化和完善现行管理。

图 1.7 BIM 与云技术助力设计指导施工

BIM 技术是实现绿色室内设计的方法和保障。在满足人们使用功能的前提下，寻找室内舒适度、绿色节能、环境可持续发展之间的平衡点，已成为设计师需要考虑的重要问题。设计师仅凭经验很难把握室内环境的绿色与健康。BIM 技术可以准确地对室内环境进行模拟分析，从而协助设计师做出正确的设计方案。通过将 BIM 模型导入空间性能评估软件进行分析、计算，设计师可以得到详细可靠的数据支持，提高室内空间品质。

第2章 室内设计的BIM工作模式

2.1 三维可视化的设计模式

室内设计的 BIM 工作模式是全过程三维可视化的设计模式。

“可视”，字面意思即能够直观地看到。广义上说，任何将设计思想视觉地、直观地表达出来的方法都是“可视化”。狭义的可视化 (visualization)，是指利用计算机图形学和图像处理技术，将数据转换成图形或图像在屏幕上显示出来，并进行交互处理的理论、方法和技术。它涉及计算机图形学、图像处理、计算机视觉、计算机辅助设计等多个领域，成为研究数据表示、数据处理、决策分析等一系列问题的综合技术[1]。

2.1.1 可视化设计模式的类型

室内设计构思转换为可视化的图形，可以更好地进行沟通、交流，更充分地被理解，进而生产、建造。在设计的过程中，采用草图、平立面图、模型等来表达设计构思都是很常用的方式，表现出三维空间感。这些表达方式各具特点，各有局限。

草图是记录设计想法最快速、直观的方法。它反映出设计师对创意的思考，具有即时性和个人特色，有较强的表现力（图 2.1）。

图 2.1　西班牙瓦伦西亚会议中心草图（图片来源：Foster and Partners，福斯特建筑事务所）

[1] 欧特克软件（中国）有限公司. BIM工作流程－设计：建筑可视化设计[C]//第四届工程建设计算机应用创新论坛论文集. 上海，2013.

即使是专业人员，从草图中也难以获得空间的全面感知。绘画手法表达的草图缺少很多信息，尺寸不准确，难以与实际的灯光、材质等一一对应。因此，草图更多的是设计师创作，演进自我思考的方式。

三视图是被广泛应用的可视化设计模式，并且古今中外的设计师都在使用。清式营造则例就是典型的三视图表达模式（图 2.2、图 2.3）。一直到工业革命，现代建筑诞生后，依旧是以三视图作为设计的可视化工作模式。

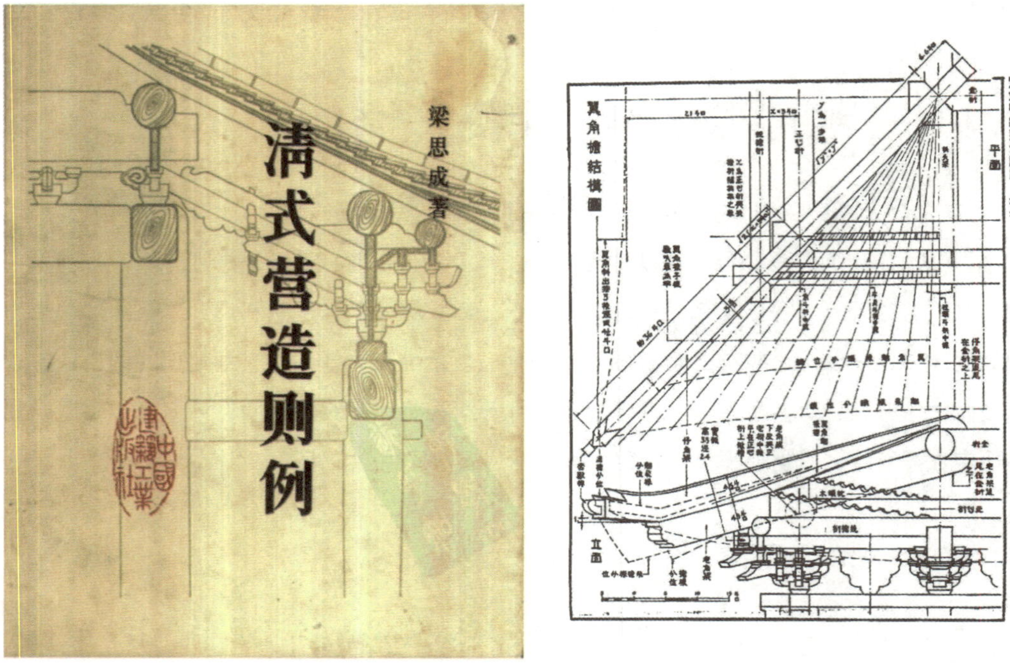

图 2.2　清式营造则例——翼角檐结构图（图片来源：《清式营造则例》，梁思成著）

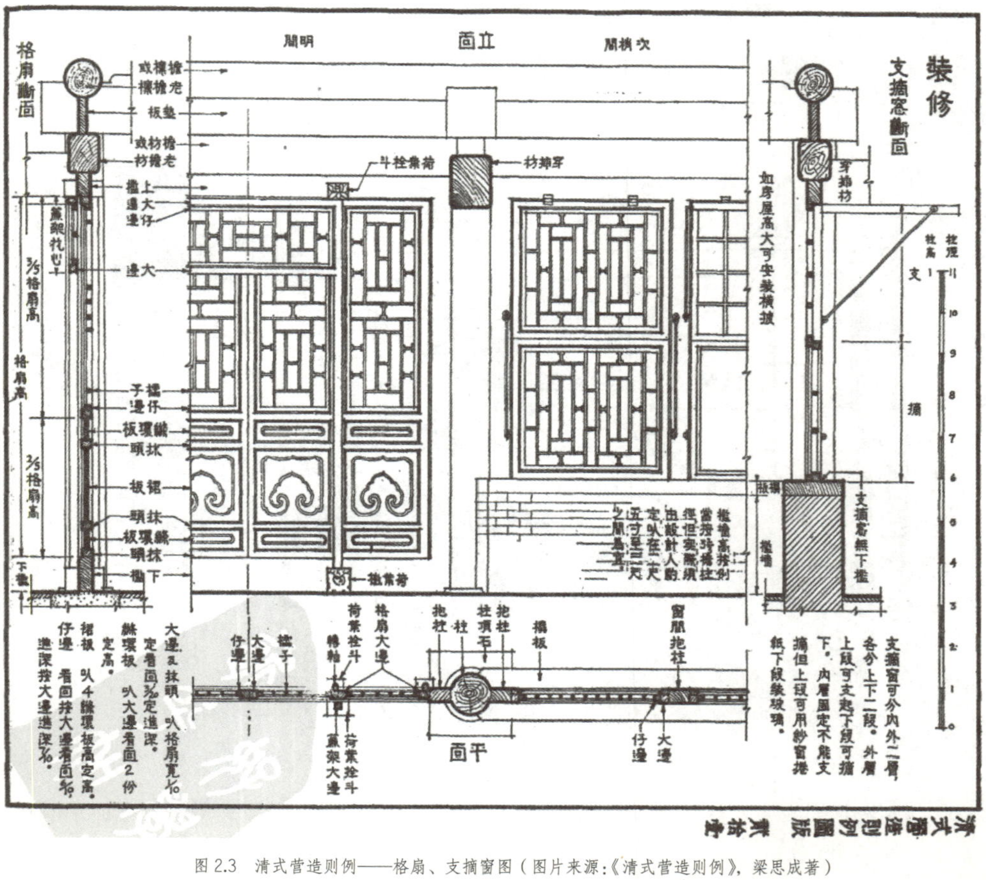

图 2.3　清式营造则例——格扇、支摘窗图（图片来源：《清式营造则例》，梁思成著）

随着现代建筑的建筑材料与技术发展，建筑的多样性、复杂性增强，图纸工作量大大增加。20 世纪后期，随着计算机的发明，二维图纸的载体由纸张转变为电子文件，准确性和工作效率极大提高，直到现在，都是最广为使用的可视化设计模式（图 2.4、图 2.5）。

图 2.4 水吧区效果图（图片来源：北京筑邦建筑装饰工程有限公司董强工作室）

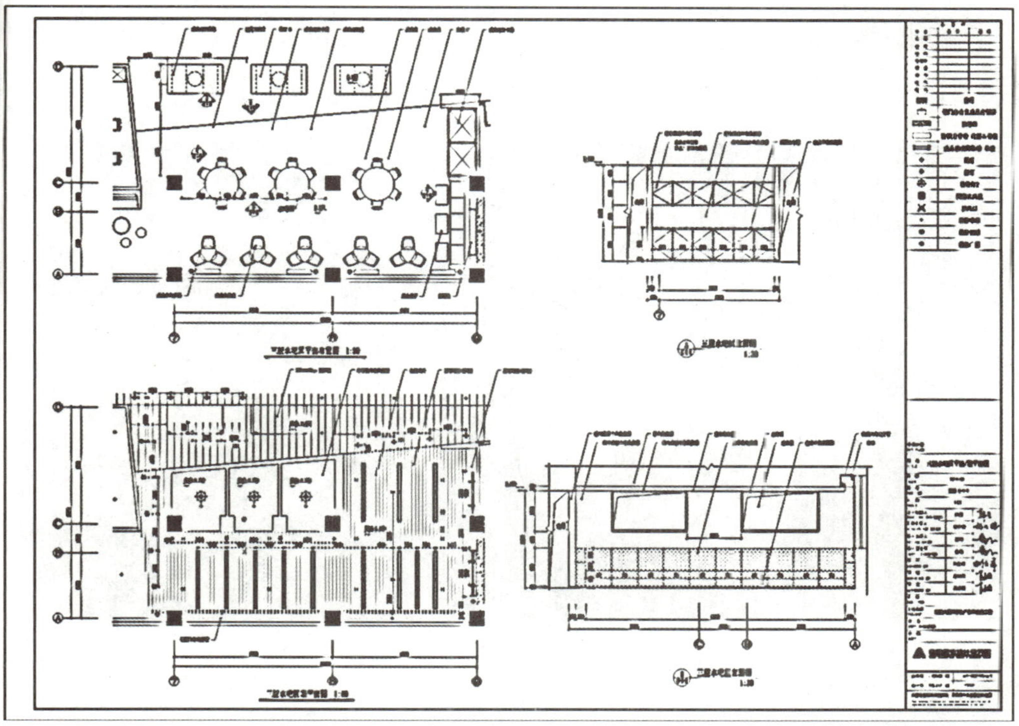

图 2.5 水吧区平面 / 立面图（图片来源：北京筑邦建筑装饰工程有限公司董强工作室）

基于三视图的模式建立的设计规则和建设管理也最为全面。

三视图的设计模式，是将一个三维物体分解成平面、立面、剖面等不同角度的视图来表达，经过专业训练的大脑通过综合思维能力将这些视图组合起来，形成对物体的完整认识。因此，无论是将物体拆分成各类三视图，还是将三视图整合为物体，都必须经过专业训练。由于空间造型的复杂性，设计师们有时会发现自己绘制的三视图出现平面、立面、剖面对不上的现象，这些错误反映出设计工具对设计者思维的局限性。在设计领域，人脑最易判断的物体是能够通过感官直接感觉到的形态。如果设计必须经过三维与二维之间的多次思维转化才能完成，那么错误的出现是很难避免的。

对于较为复杂的形体或空间，设计师经常采用缩尺模型的可视化设计模式（图 2.6）。

图 2.6 德国新议会大厦穹顶设计演变模型（图片来源：Foster and Partners，福斯特建筑事务所）

实物模型可以直观地展现空间与形体构成，便于设计师进行推敲，并可以进行多方案的直观比较，如德国新议会大厦（图 2.7）穹顶模型（图 2.8）。

图 2.7 德国新议会大厦（图片来源：Foster and Partners，福斯特建筑事务所）

图 2.8 德国新议会大厦穹顶模型（图片来源：Foster and Partners，福斯特建筑事务所）

模型在建筑设计中比室内设计应用要广泛，这是因为模型的局限性在室内设计中表现地更为突出。模型一般是缩小比例制作的，观察者只能以鸟瞰的角度审视，无法进入其中获得人视角的空间体验。同样因为尺度小，不便对材料、色彩和细节进行真实表现。若要进行修改、复制，则更加费时费力。

随着计算机技术的不断发展，信息模型诞生了，设计软件纷纷加强三维模型功能模块。3ds Max、AutoCAD、SketchUp 的出现，将设计呈现为虚拟的三维可视形体，能够从各种视角观察室内空间，表现各种材料的色彩和细节（图 2.9~ 图 2.11）。

图 2.9　SketchUp 模型截图（图片来源：北京筑邦建筑装饰工程有限公司董强工作室）

图 2.10　文化部办公楼门厅 3ds Max 渲染效果图
（图片来源：北京筑邦建筑装饰工程有限公司董强工作室）

设计师的构思以虚拟实体直观表达，过程中的沟通交流都更为顺畅，未经过专业训练的人也能很容易理解设计师的意图。由于是虚拟模拟，其修改也非常便捷。然而，这些软件建立的虚拟模型只是形态上的几何形体，其空间和构建并不具备真实的空间属性和构件逻辑，也没有材料性能，不能直接导出二维的设计图纸，所以对设计师而言仅能作为方案的参考。

图 2.11 文化部办公楼门厅实景

2.1.2 BIM 的三维可视化设计模式

BIM 是一种“真实”的三维可视化设计模式，是一种更接近现实世界的设计思维模式。设计师直接设计建筑三维模型，此模型有真实的材料信息、空间信息、建构信息、费用成本信息等，模型由三维到二维图纸的输出由计算机自动完成（图 2.12~ 图 2.15）。设计师不但可以通过设置相机进入视点的各个空间推敲，而且可以进行空间性能化的模拟与计算，从而大幅度提高设计质量。

图 2.12 Revit 设计界面（图片来源：航天福道 ISEE 智慧大厦项目团队）

图 2.13　Revit 办公室效果图（图片来源：航天福道 ISEE 智慧大厦项目团队）

图 2.14　Revit 建筑剖面效果图（图片来源：航天福道 ISEE 智慧大厦项目团队）

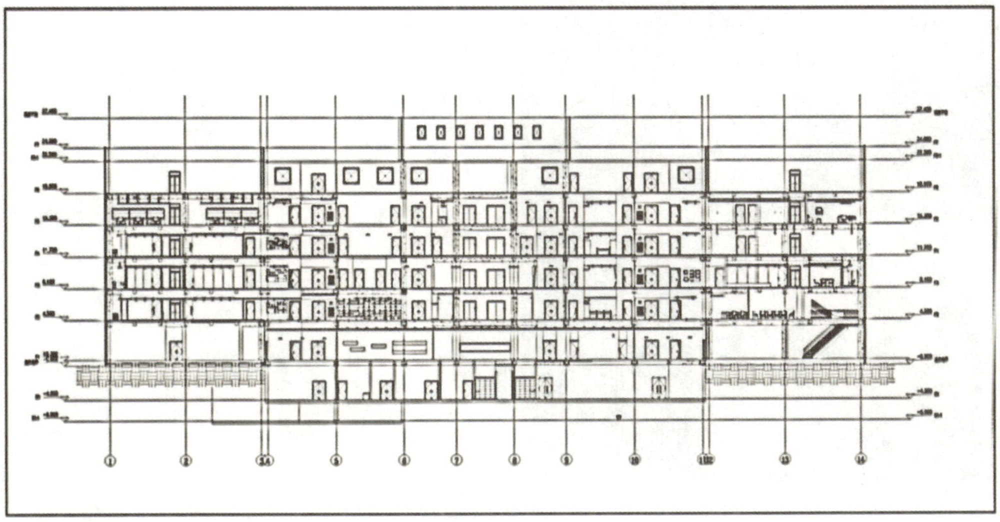

图 2.15　Revit 建筑剖面 cad 图（图片来源：航天福道 ISEE 智慧大厦项目团队）

2.1.2.1 BIM 可视化模型的特点

传统三维模型与 BIM 可视化模型（Revit 模型）的对比见表 2.1。

表 2.1　　传统三维模型与 Revit 模型对比

软件	物体（构件）	特性	结构	空间
3ds Max	几何体	贴图	完成面	几何空间
SketchUp	几何体	贴图	完成面	几何空间
Revit	建筑关联构件	物理	真实构造	物理空间

1. 几何体与建筑构件

BIM 模型中，物体不仅是几何体，还是具有属性和约束条件的构件。如图 2.16 和图 2.17 中所示建筑门，可见它有自己的属性定义、标高限制等（图 2.18）。在设计过程中，可以随时调整门的类型、属性，如调整门的宽度、高度、位置等，其所依附的墙面会自动调整（图 2.19）；且在平面图和模型中，调整是联动的。而在 3ds Max/SketchUp 中，“门”并不具有独立的属性，它和其他所有几何体是一样的，调整门的宽度、高度、位置后，须相应调整其所在墙体。

图 2.16　3ds Max 模型和 SketchUp 中的门单体（图片来源：北京筑邦建筑装饰工程有限公司董强工作室）

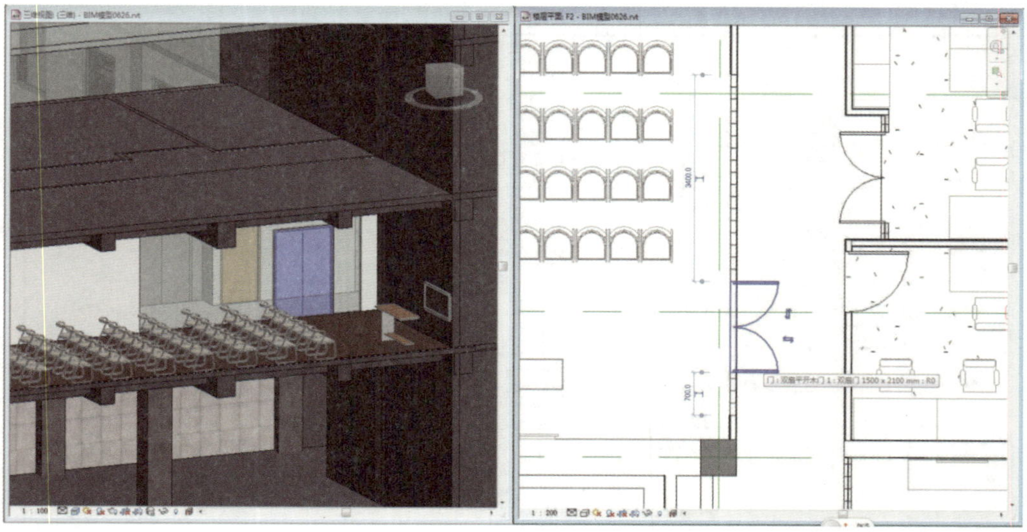

图 2.17　Revit 模型中的门（图片来源：航天福道 ISEE 智慧大厦项目团队）

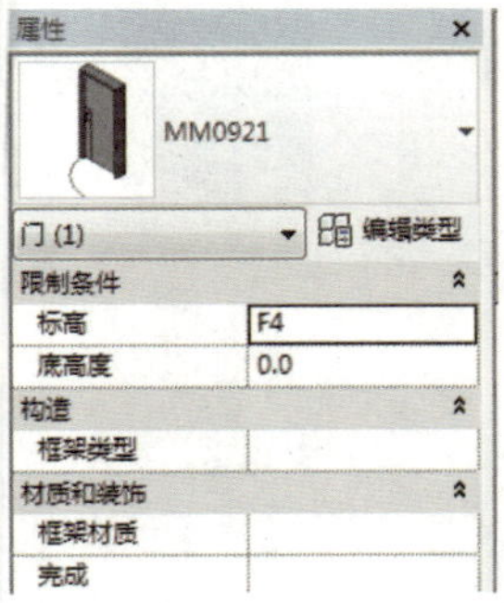

图 2.18 Revit 模型中的门的属性（图片来源：航天福道 ISEE 智慧大厦项目团队）

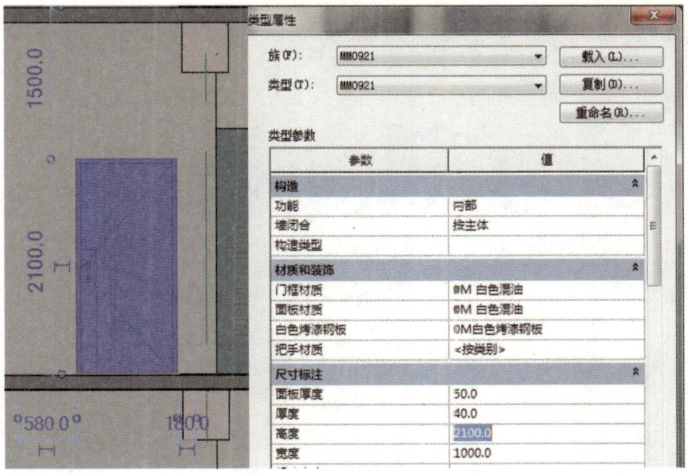

图 2.19 Revit 模型中的门的高度调整（图片来源：航天福道 ISEE 智慧大厦项目团队）

2. 外观与性能

在 3ds Max/SketchUp 软件中，几何体的外观是靠贴图（图 2.20）来表示的，为了效果图的真实度，还需要根据经验设置反射率、折射率等。在 Revit 中，构件本身具有真实的性能特征。如图 2.21 所示玻璃隔墙，类型是 12mm 厚玻璃墙。在项目中，所有同类隔墙都采用此类型创建，它们具有同样的性能，在进行性能分析时，它们与所代表的实物具有同样性能。如进行照度分布分析时，它们是透光的；渲染效果图时，无须额外设置，即表现出玻璃的视觉特征。

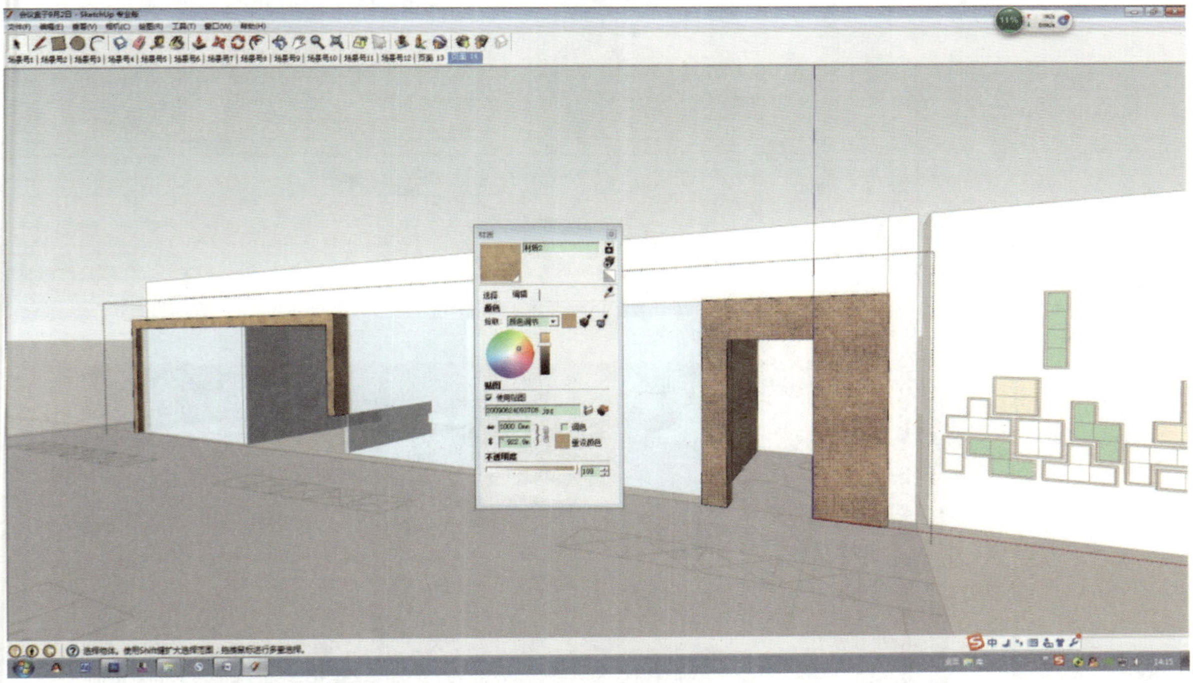

图 2.20 SketchUp 中的表面贴图（图片来源：北京筑邦建筑装饰工程有限公司董强工作室）

3. 成面与真实构造

在 3ds Max/SketchUp 中，模型实质均为具有一定造型的几何体，没有其他信息（图 2.22）。通过 Revit 建模，形体具有真实的构造（图 2.23）。如图 2.24 所示，所选物体为 Revit 中的墙面，可以看到墙体构造分为结构、衬底及面层，各层厚度可设定。这样建模的同时，就是在进行深化设计，而模型本身即包含施工所需要的真实信息。

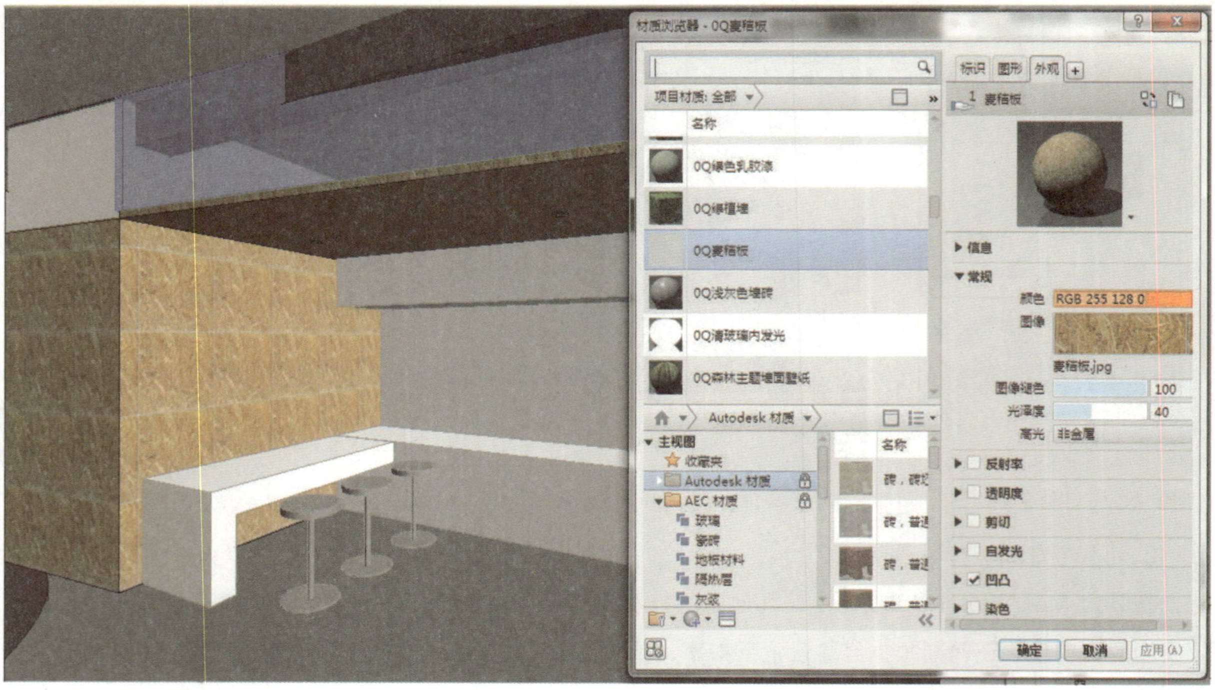

图 2.21 Revit 中的玻璃隔墙（图片来源：航天福道 ISEE 智慧大厦项目团队）

图 2.22 SketchUp 中的模型构造（图片来源：北京筑邦建筑装饰工程有限公司董强工作室）

图 2.23 Revit 中的块毯地面构造（图片来源：航天福道 ISEE 智慧大厦项目团队）

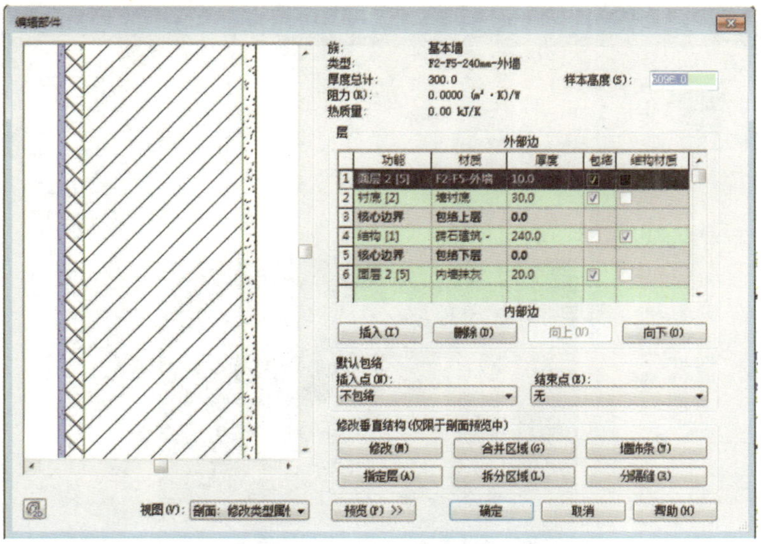

图 2.24 Revit 中的墙面构造（图片来源：航天福道 ISEE 智慧大厦项目团队）

2.1.2.2 基于数据统计的多方案比选

使用 Revit 进行设计时，二维图纸、三维模型同步生成，可同时观察平面布局和三维空间效果。只要进行适当设置，各类统计明细表也能随设计方案同时自动生成、修改。通过这种三维可视化设计模式，无须在设计之外花更多功夫，就能很容易地获得更多的观察角度、表现形式和数据支持，便于对方案进行全面、深入的优化和比选。

在某办公楼的方案设计阶段，运用 Revit 对同一空间设计出三种布局形式。

方案一：北侧开敞办公区有大、小两种规格工位，由文件柜划分区域；南侧设领导独立办公室及活跃型开敞办公区；南北办公区之间设半封闭会议区域（图 2.25）。

方案二：南北开敞办公区均采用小尺寸工位，呈直线形整齐排列；中间区域为半封闭会议区域；沿建筑外窗布置休息座椅，供放松或会谈用（图 2.26）。

方案三：区域内不设分隔，大尺寸工位对坐排列，按柱跨自然形成分组（图 2.27）。

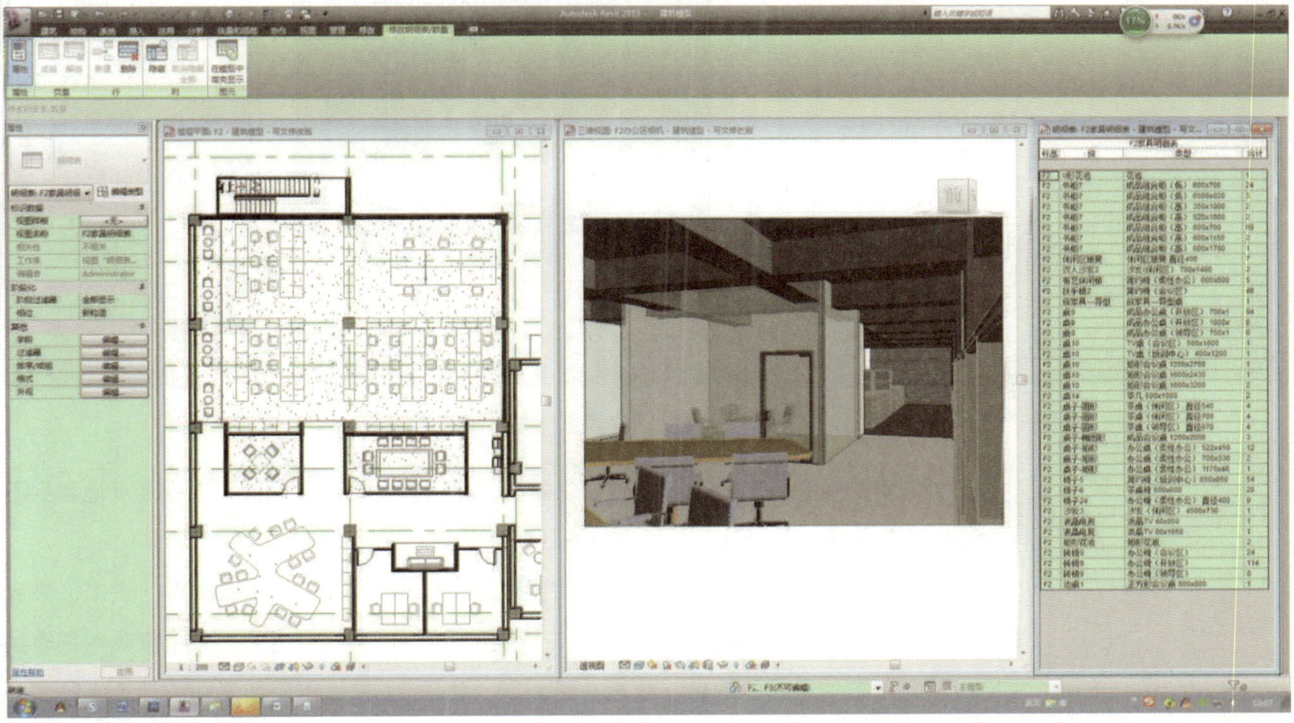

图 2.25 西侧开敞办公区方案一（图片来源：航天福道 ISEE 智慧大厦项目团队）

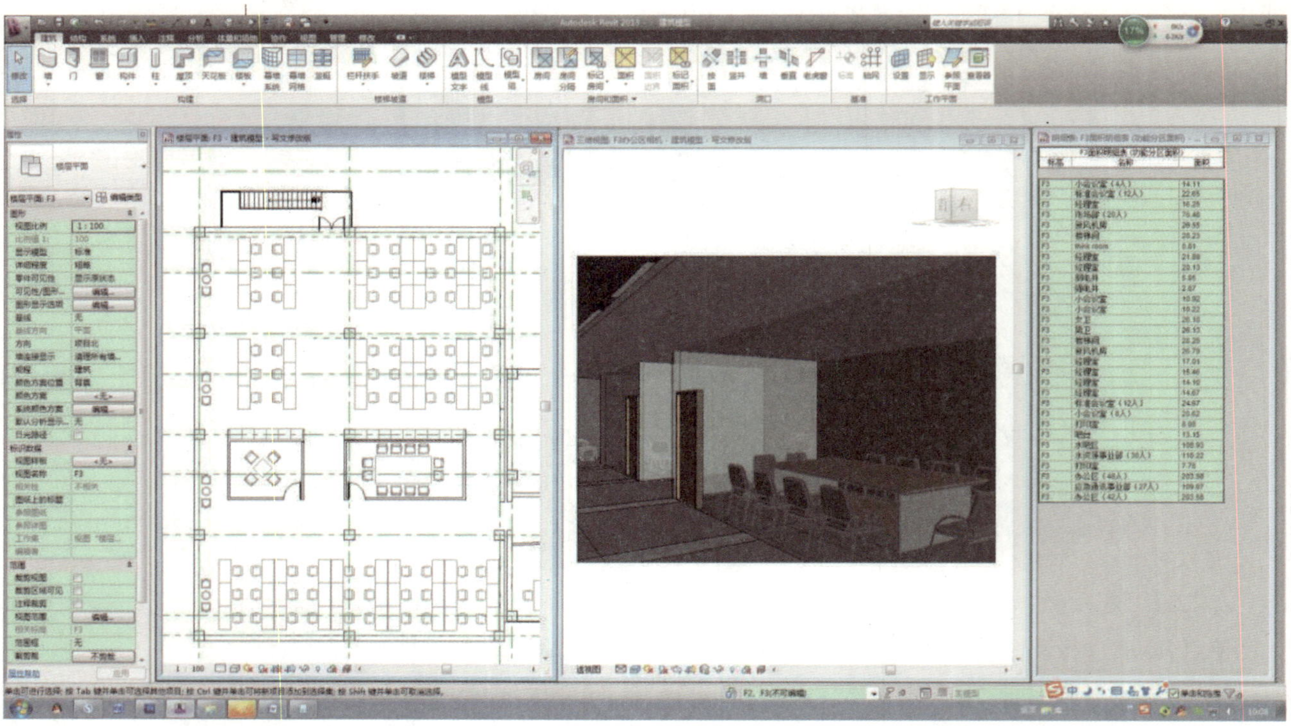

图 2.26 西侧开敞办公区方案二（图片来源：航天福道 ISEE 智慧大厦项目团队）

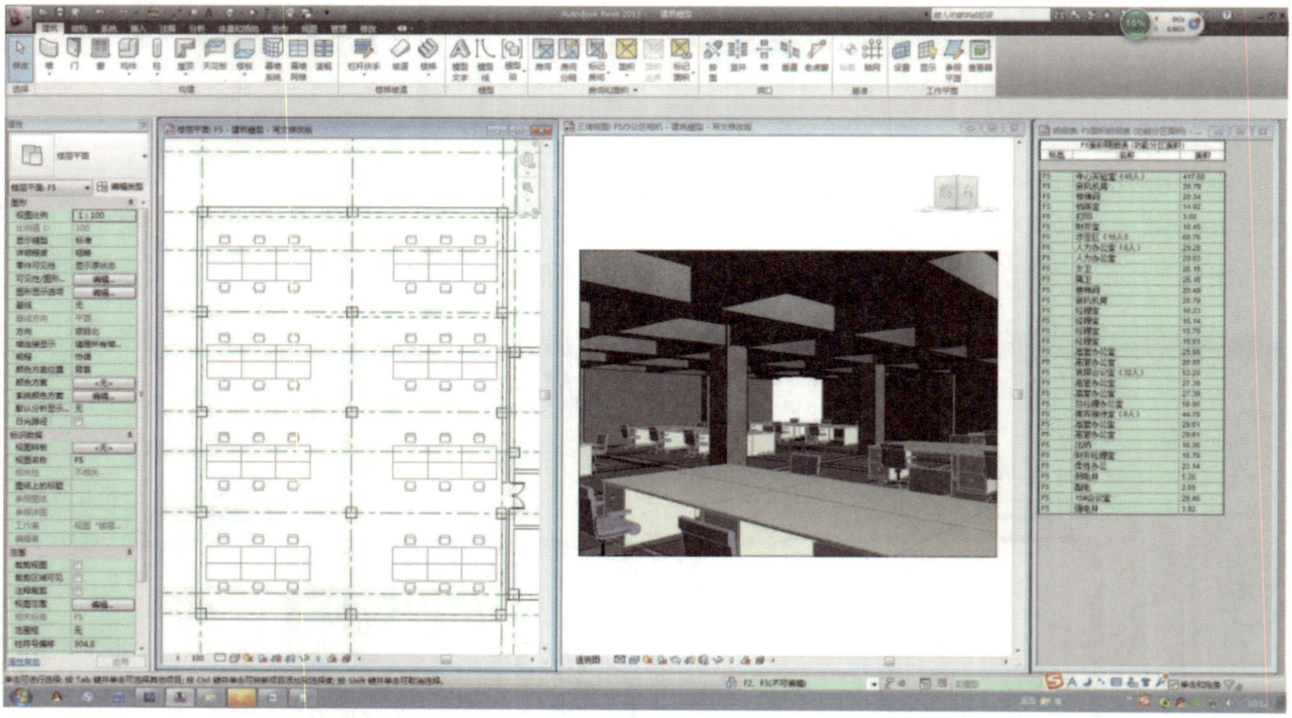

图 2.27 西侧开敞办公区方案三（图片来源：航天福道 ISEE 智慧大厦项目团队）

三种方案的活跃度递减，通过可视化模型，建设方有机会在设计初期就直观地看到不同方案的实际效果，与设计师共同进行设计研究。

决策需考虑多种因素：空间布局、使用需求、空间利用率、面积要求、成本、采光等。借助 Revit，这些信息都能实时体现在模型的各种视图中。如图 2.25 中家具明细表统计出当前方案各种家具的规格、数量，图 2.26、图 2.27 中面积明细表则统计了各种房间的面积。这些明细表与模型对应，随模型变化实时、自动地更新。

综合考虑各种因素，建设方和设计师选择了方案二。此方案空间利用率高，能较大化地容纳工位数量，且满足办公、会议、休息、接待等多种功能，适度活跃。接下来，针对选定方案进行深化设计，运用 Revit 同样可以尝试比较不同材料、饰面、灯具的组合。

2.1.2.3　精细化设计

由“设计→建造→制造”变成“设计→制造”。

精细化设计是在对事物的各方面属性进行充分考虑并研究的基础上进行的精心的、细致的设计。建筑、室内精细化设计，指的是在宏观和微观的层面上分别对空间的属性、交通组织、采光通风、造型、材料等进行充分考虑，并对每一处细节进行精心设计，从而使空间的整体与各部分相互协调、美观，并且能够满足使用者舒适性、便利性的要求。

Revit 对精细化设计的支持具有很大的扩展性，应用 Revit 模型，能够进行人员疏散模拟、照明分析、节能分析等。而在空间的最重要特性——材质与造型上，Revit 更是能够辅助设计师对其进行“产品”级别的控制，将创意设计与工艺设计结合起来，设计模型可供生产、安装使用，使一些极具视觉表现力的设计能够高品质的呈现（图 2.28~ 图 2.30）。

图 2.28　银河 SOHO 外立面

（图片来源：大桥谕，梁灏翔．过程与挑战——银河 SOHO 的设计与建造 [J]. 建筑技艺，2014：84-85）

双曲线幕墙

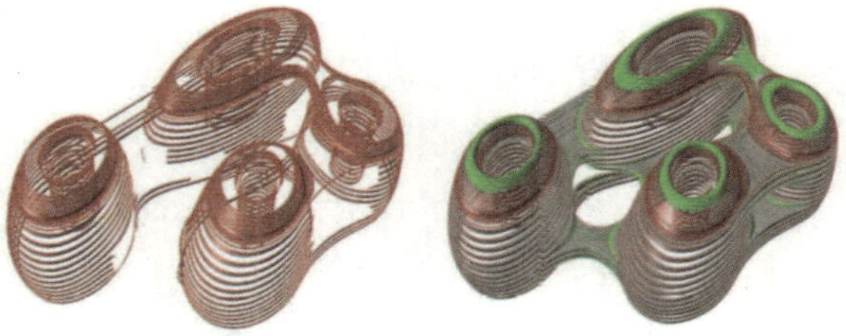

单曲线幕墙　整体幕墙

图 2.29　银河 SOHO 曲面幕墙

（图片来源：大桥谕，梁灏翔．过程与挑战——银河 SOHO 的设计与建造 [J]. 建筑技艺，2014：84-85）

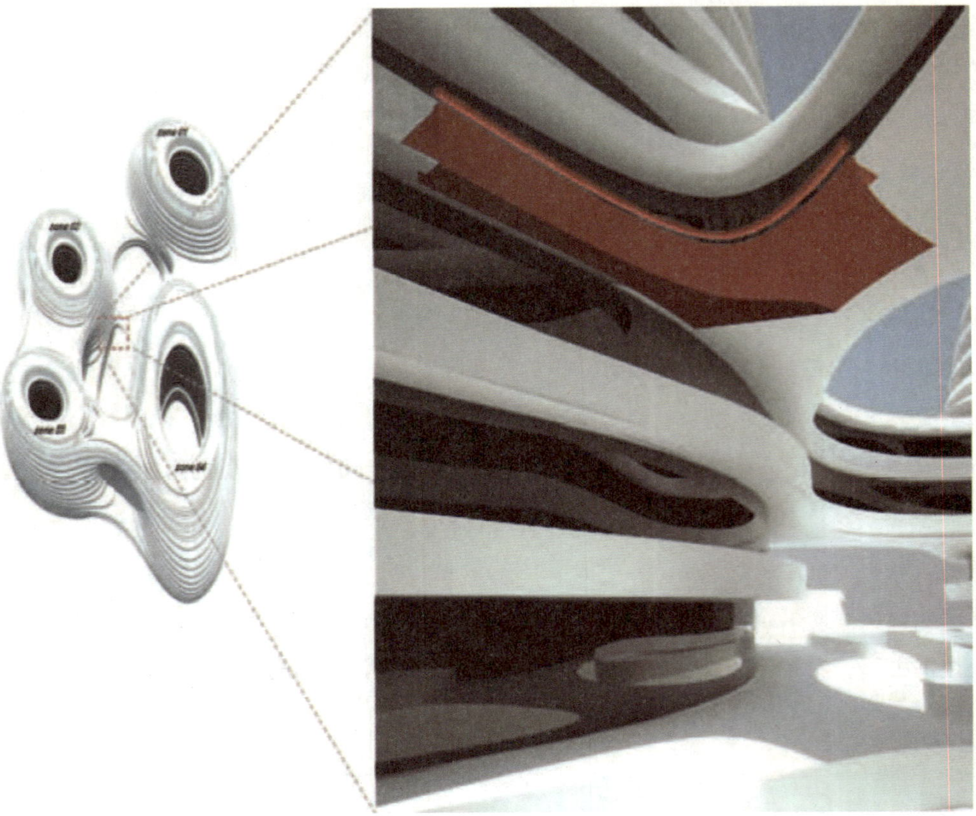

图 2.30 银河 SOHO 幕墙样板位置图（图片来源：大桥谕，梁灏翔．过程与挑战——银河 SOHO 的设计与建造[J].建筑技艺，2014：84-85）

北京银河 SOHO 采用铝合金挂板材质系统的幕墙材质。铝板的形状和大小都是从 BIM 三维信息模型（图 2.30）直接导入厂商的机械设备，也就是说厂家在不需要图纸的情况下就可以掌控每一块铝板单元的数据。厂家根据三维模型的数据对单曲板直接用数控设备进行裁切，然后经过热弯工艺成型，对铝板的尺寸和形状进行核实。每块铝板也都有独自的追踪条形码，以便外幕墙承包人进行有效的管理、加工及安装工作，缩短施工周期。

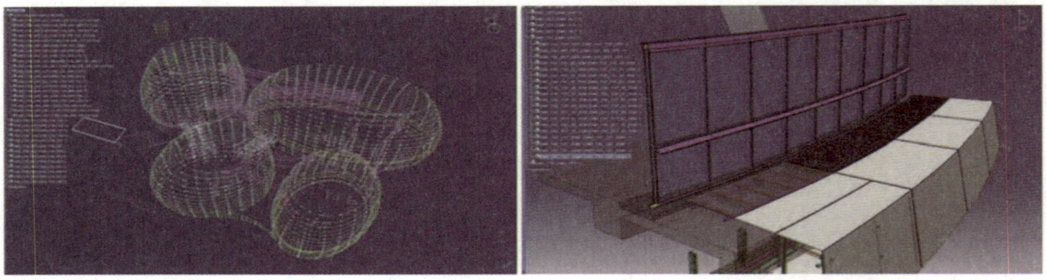

图 2.31 银河 SOHO 铝板幕墙 BIM 模型（图片来源：大桥谕，梁灏翔．过程与挑战——银河 SOHO 的设计与建造[J].建筑技艺，2014：84-85）

2.2 即时协同的设计模式

2.2.1 工程设计的协同性

现代社会，建筑项目的功能越来越复杂，规模越来越大，造型越来越多变，参与项目的人员也越来越多。为了保证项目在设计过程中的顺利开展，不同团队、不同专业、不同岗位直接的协同成为影响设计效率和设计质量的关键要素。

在一个建筑项目中，有建设方、建设管理方、专业顾问方、专业设计方等众多的参与方，仅专业设计方就包含建筑设计、结构设计、电气设计、暖通设计、给排水设计、智能化设计、幕墙设计、室内装修设计、景观设计、照明设计、声学设计等多个专业。这些设计团队在设计过程中的协同工作能否快捷、顺畅、正确、无缺失，极大地影响设计阶段的工期、效率，并将对后续的建设阶段产生更大的影响。

在二维设计成果的状态下，图纸是设计师的语言，各个专业设计团队的协同工作都是基于图纸。AutoCAD 软件的广泛应用使设计师摆脱了用笔、尺的手工绘图，并在软件绘图中逐步提高软件的使用效率，图块、参照文件等功能使得设计师相互交换设计成果更为简单便捷，减少了协同工作中的重复性劳动，工作效率显著提高。

然而，由于二维设计图纸在表达三维空间时的固有缺陷，协同中不可避免地出现了一些信息缺失、空间矛盾、理解混淆的状况，在形体复杂的建筑项目中表现得尤为突出。同时，由于各专业的设计师不能实时地在一个设计文件平台上工作，协同时出现了一些返工和文件管理混乱的问题。

BIM 的出现解决了上述问题。在建筑项目的设计中，BIM 模型是一个开放的、共享的、即时关联和即时更新的设计工作平台。基于互联网的技术，BIM 设计模型能够让所有的设计人员在一个文件平台上工作，并在文件平台中实时体现各自的工作内容和进展，其三维的文件属性解决了设计协同中的大量问题。

2.2.2 专业即时协同

2.2.2.1 专业内的协同

随着空间的功能和形式的日益复杂，同一个专业内通常会有多名设计师组成一个专业设计组，共同完成本专业的设计工作。以往在二维设计文件的工作环境下，设计组需要由组长来划分、管理、协调各位专业设计师之间的工作，与独立工作的各位设计师及时沟通，了解其工作进展和状态，从而实现专业内的设计协同。

在 BIM 模型文件平台上，完整的模型由各个专业的模型整合而成，一个专业设计团队在本专业模型文件中开展各项设计工作。设计组进行简单的工作内容划分后，各位设计师虽然独立开展设计工作，但是其工作平台和成果始终是一个模型文件，因此相互之间能够实时地了解其他人的工作进展和状态，信息传递极为高效，管理也变得非常简单。在建筑信息模型中，组长根据分配给各位设计师的设计任务的不同，相应赋予设计师不同的模型管理权限，各位设计师依据权限对模型进行创建、修改和删除等操作，这些编辑信息经过网络传递到中心文件中，及时反映到建筑信息模型上。其他设计人员只需更新网络上的模型文件，就能了解本专业设计工作的状况，设计师们能够及时共享彼此的设计成果。

2.2.2.2 专业间的协同

在工程建设行业中，建筑专业是建筑项目设计的领头专业，其他专业以建筑专业的设计成果为设计依据来开展设计工作。在二维设计环境中，建筑专业会根据设计阶段分别提供多个作业图。在复杂的项目中，即使是在一个设计阶段内，也会产生体现不同工作进展的多个版本的作业图。其他专业需要根据建筑专业提供的最新版作业图进行设计工作，因此重复工作、返工、出现错误在所难免。另外，不同的专业设计师需要的信息是不同的。

建筑师为了使其提供的作业图满足各个专业的要求，将所有信息综合在一份作业图中，而其他专业设计师需要对作业图进行整理，再从图中选取各自需要的信息，降低了工作效率。

在 BIM 模型的工作环境中，由于模型建立的实时性，不存在多个版本的工作模型文件，减少了很多重复工作和错误。但模型中仍然具有所有的信息，需要各专业根据自身需要进行提取。建筑信息模型包含了比较完整的建筑信息，在同一系列 BIM 软件中，同一个信息模型可以在各专业中逐级无损传递。BIM 技术使得专业间配合更加默契，结构分析、管线冲突检验、能量分析等工作变得更加自动化，完整的设计数据不需很大调整就可以直接利用。

不过，由于目前 BIM 设计软件的不成熟，很多软件供应商虽然有齐全的专业配套，但并非每个专业都是强项，因此各个专业间可能出现使用不同软件的情况。不同软件的数据接口可能不同，在文件传递中可能出现信息丢失、错误等状况，导致专业设计工作的中断。

目前基于 BIM 技术的软件，正在逐步加强软件内嵌的协同设计模块，同一个建筑信息模型文件能够包含所有专业的数据：建筑、结构、设备、室内、经济、工艺等，并且能够设定各自的优先权限。服务器中的 BIM 模型文件是唯一的数据库，各专业设计团队在各自的终端上对其进行信息交互，以各种不同的形式观察模型，提取数据，并根据自己的权限修改模型。通过实时的信息交流，设计师之间的沟通更具时效性，设计效率明显提高，同时减少了设计过程中的信息不平衡。

2.2.3 BIM 室内设计协同

2.2.3.1 BIM 室内设计协同平台的建设原则

基于 BIM 的设计协同平台是 BIM 技术应用的重要条件，是 BIM 设计协同的基础，同时也是 BIM 资源的内容之一。搭建用于项目或者企业的协同平台要关注设计过程中多专业、多领域、多环节、多角色的工作流程和管理流程，以及数据和信息的有效传递和交换。搭建 BIM 室内设计协同平台应根据企业或者项目组 BIM 规划和信息化技术条件，以及专业 BIM 协同的实际需求进行。

2.2.3.2 BIM 室内设计协同平台的要素

（1）统一的协同工作环境。所有项目组成员都可以在网络环境中工作，利用 BIM 设计协同平台提供统一的协同工作环境，项目进度、质量管理等也基于此平台完成。

（2）协同规范。制定企业或者项目的具体协同规范，并在协同平台中贯彻落实。目前阶段，BIM 室内设计协同一般包括 BIM 人员专业内协同、BIM 人员专业间协同以及 BIM 人员和非 BIM 人员的协同等几种类型，因此协同规范也应根据不同的类型来制定。

（3）权限控制。权限控制是 BIM 设计协同平台的重要功能，也是顺利完成 BIM 设计、责任分工、保证数据安全的重要手段。协同平台应具备根据设计的管理要求、项目特点、人员组织来划分权限并进行有效的控制和管理的功能。

（4）项目的进度管理。BIM 设计协同平台应包含 BIM 模型浏览、进度管理等功能。通过模型浏览和进度显示协助完成进度控制。如与 P6、Project 等进度管理软件对接，实现进度的策划、调整和执行。

（5）项目的质量管理。BIM 设计协同平台通过内嵌质量控制文档、资料表格模板等手段，可以协助进行项目的质量管理。根据企业或项目设计管理流程，可以实现文件电子移交、审核批准、远程协作、版本管理、图形和模型网上发布等。通过在BIM平台内置流程和表单，可以实现协同任务的流程控制，有效提高基于协同的质量管理。

（6）异地协同。通过快速地建立专业间、专业内工作模板，运用底层分布式和远程增量传输的技术，可以使异地的协同接近本地协同工作的效率，解决远程工作的协同问题。

（7）BIM设计过程的版本管理。BIM设计协同平台应支持历史版本的存储和管理，并用较少的存储空间存储BIM与其他文档过程版本，为工程文档的管理奠定基础。BIM设计软件内置的文档中心可以细化到各个阶段，实现工程全生命周期各阶段的管理，成为工程项目的文档管理中心，为设计成果的集中管理提供条件。

2.2.4 设计协同应注意的问题

实现设计协同需要解决如下问题。

2.2.4.1 组织管理

设计协同需要建立统一的规则，才能实现设计成员（或团队）之间的交流和协作。根据设计项目的特点和企业管理办法有针对性地进行组织管理，是实现设计协同的基础。

2.2.4.2 设计过程的重构

由于BIM设计与以往的二维设计不同，BIM设计需要根据其特点对设计过程进行重构，实现思维与行为过程的统一。同时，BIM模型不仅用于设计阶段，还可以应用在施工阶段、运维阶段，因此也延伸了设计服务，需要对设计管理工作进行重构。

2.2.4.3 信息共享

设计协同要保证设计活动过程中信息交流的可靠性，实现平台的支撑环境，利用网络工具解决信息共享、信息安全等问题。信息的交流通过标准化的接口实现，在协同中保证各个团队（成员）能够完成相应的设计功能。

由于各个设计团队使用的软件可能各不相同，造成模型在建立和存取方法上存在一定的差别，从而使得信息交换产生障碍，资源难以共享。

2.3 性能化的设计模式

室内环境空间性能在以往的设计中一直处于被忽视的状态，但装修引起的各种疾病时常见诸报端，引起了日益广泛的重视。产生这种问题的原因与设计师过于关注视觉效果有很大关系，而对于非专业人员来说视觉效果也是最容易辨识和理解的，于是室内环境空间性能的要素就被忽略了。

近年来，随着生态环境的恶化，国家已经推出了多项规定，旨在降低建筑能耗，并为大家提供更舒适的空间环境，其中最重要的就是推广绿色建筑。新修编的《绿色建筑评价标准》（GB/T 50378—2014）已经于2015年1月1日起实施，北京市更要求所有的新建建筑都要达到绿色建筑一星标准，并在项目报审的文件中增加绿色设计专篇。

在《绿色建筑评价标准》中，室内环境质量是单独章节，对室内声环境、光环境、热工环境和空气质量都提出了明确的要求。达到这些要求，需要设计师具有丰富的经验，更重要的是要采取相应的设计工具实践和优化设计。BIM 技术正是一种可以进行性能化设计的平台，利用 BIM 模型和相关软件做模拟验证和预测，从而在声环境、光环境、热工环境、空气质量四个性能方面做出优秀的设计，这也是 BIM 技术在室内设计的重要作用和特点。

2.3.1 光环境

光环境模拟是可持续设计中的重要手段。通过 BIM 技术设计和验证室内光环境并进行针对性的改进，可有效提高设计水平。

绿色建筑中关于光环境的要求是符合《建筑采光设计标准》(GB 50033—2013) 和《建筑照明设计标准》(GB 50034—2013)。实际项目中，还必须考虑到室内空间的布局和功能要求。利用 BIM 技术如 Ecotect、Radiance 等软件，可以真实模拟室内空间的采光性能，如图 2.32、图 2.33 所示。

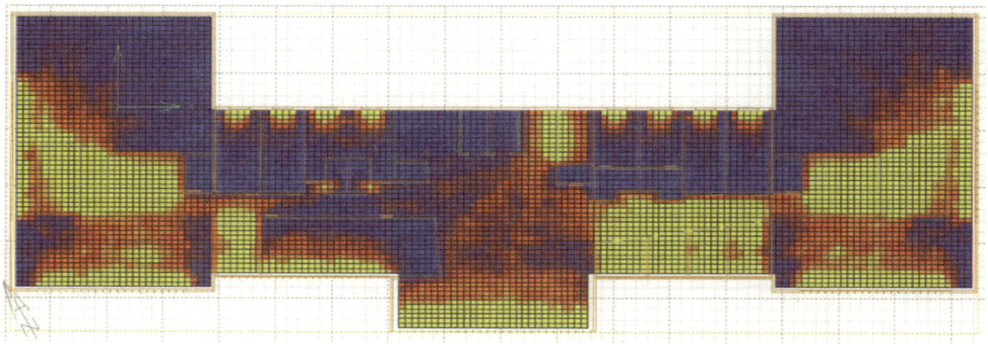

图 2.32 福道大厦日照分析图

图 2.33 福道大厦空间等照度曲线分析图

绝大多数的室内设计师都不具备计算室内采光和照明的能力。BIM 模型能帮助设计师通过直观的模型模拟和图表进行照度的设计。目前国内使用的专业照明计算软件主要是 DIALux 软件和 AGi32 软件。将 BIM 模型转化为 3ds 模式导入照明设计软件，经过照度计算和灯具布置，可以迅速得到工作面的照度计算结果，并以图示的形式表达出来，如图 2.34 所示。其中 AGi32 软件能够利用 .dwg 格式的三维模型，因此可以和 Revit 软件更好地结合使用。DIALux 软件可以导入多种格式的链接和图纸，其最大的特点是可以真实模拟灯具的照度和安装方式。由于有中文界面及免费和配套的灯具厂家插件，所以受到更多设计师的欢迎。

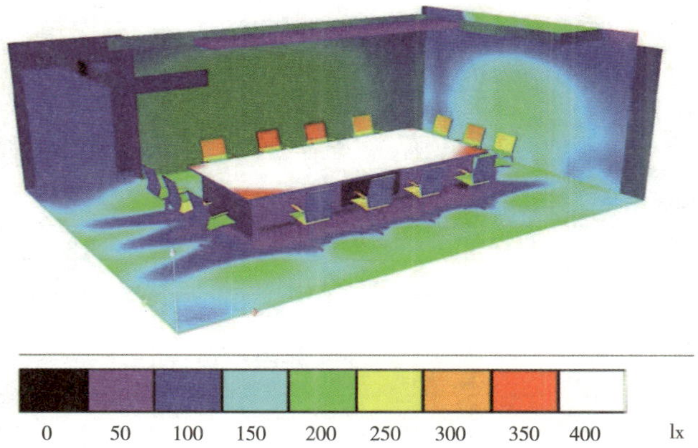

图 2.34　福道大厦会议室光环境照度分析图

Elumtools 插件（图 2.35）是目前唯一一个能够跟 Revit 软件配合进行照度计算的插件，与 AGi32 一起由同一家公司出品，具有管理灯具和材质库、添加计算点、修改计算点、单个房间计算、多个房间计算、日光计算的功能。

图 2.35　Elumtools 软件界面

2.3.2　声环境

室内空间声环境的要求是符合《民用建筑隔声设计规范》(GB 50118—2010)，并对公共建筑中的多功能厅、接待大厅、大型会议室和其他有声学要求的重要房间进行声学设计。近年来使用者对室内声环境的要求越来越高，不仅对有声学要求的场所，对于酒店客房、餐厅包间、开敞办公室等场所同样也要求进行声学设计。声学计算的原理并不复杂，设计师很容易就能学会。但是由于设计初期的不确定性，声学计算（主要是混响时间）是一个需要处理很大数据量的工作，为了设计一个适当的混响时间，需要不断调整装修材料的种类、面积，而且对于不同倍频程的声音，材料的吸声系数也不同，反复调整的计算工作量极大。

BIM 模型能够非常方便地统计装修材料的数据，并输出表格，而设计方案的调整、面积的变化、造型的改变都与表格关联，这个内嵌的信息采集、统计功能用于声学计算非常方便。图 2.36 为 Revit 统计出的房间材料降噪系数表，通过编写内置声学计算公式的 Excel 表格（图 2.37），室内空间的混响时间的计算和调整就变得更加快捷，极大地减少了大量简单、枯燥的计算工作。例如办公楼中庭的混响时间计算，原来需要一个设计师计算一周的时间，现在只需要一天。

<会议室_材料明细表>				
A	B	C	D	E
材质: 名称	面积	降噪系数	计数	备注
石膏板	28.64	0.90	1	
石膏板	57.74	0.90	1	
石膏板	67.76	0.90	1	
硬包	2.37	0.38	3	
硬包	24.21	0.38	2	
块毯	67.47	0.29	1	铺在混凝土上
灰橡木	0.95	0.06	3	
灰橡木	1.15	0.06	1	
灰橡木	2.65	0.06	2	
灰橡木	4.88	0.06	1	
灰橡木	4.97	0.06	1	
灰橡木	7.11	0.06	1	
灰橡木	7.31	0.06	1	
灰橡木	7.85	0.06	6	

图 2.36　Revit 统计出的房间材料降噪系数明细表

混响时间计算表															
	部位	材料及作法	面积	125Hz		250Hz		500Hz		1000Hz		2000Hz		4000Hz	
1.天花	顶棚	石膏板													
		矿棉板													
2.墙面	内部墙面	双层石膏板													
	窗	玻璃													
		木丝板													
3.地面		方块地毯													
6.计算	V室内总体积		54.0												
	S室内总内表面积		88.6												
	S×α 总吸声量m²				0.0		0.0		0.0		0.0		0.0		0.0
	$\bar{\alpha}$ 平均吸声系数			0.00		0.00		0.00		0.00		0.00		0.00	
	–LN（1–α）换算			0.00		0.00		0.00		0.00		0.00		0.00	
	–LN（1–α）*S换算			0.00		0.00		0.00		0.00		0.00		0.00	
	$\overline{4mv}$											0.49		1.19	
	混响时间（秒）				##		##		##		##				

图 2.37　利用 Excel 表格进行声学混响时间计算

通过 BIM 模型的统计表，还能够迅速发现空间中隔声性能最差的材料或构造，经过数据的分析判断进行设计修改或优化。

2.3.3　热工环境

室内热工环境主要是采取有效的遮阳措施和独立控制的空调系统，在室内环境舒适的前提下最大程度降低能耗。无论是遮阳的效能还是室内气流的组织，都是室内设计师缺乏经验并且难以控制的，BIM 模型则提供了模拟和优化的工具和方法。

BIM 模型能够精准地定位建筑物的地理位置，从而模拟自然光的照射角度，对室外和室内的遮阳材料也能准确嵌入性能，从而对室内的热工环境进行模拟和计算，并以图表的方式呈现，便于理解和优化。

室内的气流组织是否高效是影响暖通能耗的重要因素，室内设计关注室内空间的装饰效果，却往往忽略了这一点。BIM 模型中的空间具有真实空间的特性，可以应用相关的软件进行气流组织的模拟和计算，同样以图表的方式呈现（图 2.38），便于理解和优化。

Project Summary

位置和气候	
项目	项目名称
地址	请在此处输入地址
计算时间	2015年6月2日 9:37
报告类型	标准
纬度	39.92°
经度	116.43°
夏季干球温度	31 °C
夏季湿球温度	17 °C
冬季干球温度	-8 °C
平均日较差	13 °C

Building Summary

输入	
建筑类型	办公室
面积	65.64
体积	158.42
计算结果	
峰值总冷负荷 (W)	**6,437**
峰值制冷时间(月和小时)	十月 13:00
峰值显热冷负荷 (W)	4,610
峰值潜热冷负荷 (W)	1,827
最大制冷能力 (W)	6,437
峰值制冷风量 (L/s)	343.4
峰值热负荷 (W)	**1,210**
峰值加热风量 (L/s)	59.9
校验和	
冷负荷密度 (W/m²)	98.07
冷流体密度 (LPS/m²)	5.2319
冷流体/负荷 (L/(s·kW))	53.35
制冷面积/负荷 (m²/kW)	10.20
热负荷密度 (W/m²)	18.43
热流体密度 (LPS/m²)	0.9133

默认 Spaces

空间名称	面积	体积	峰值冷负荷 (W)	制冷风量 (L/s)	峰值热负荷 (W)	加热风量 (L/s)
1 空间	65.64	158.42	6,302	343.4	1,210	59.9

Space Summary - 1 空间

Back to summary of spaces

输入	
面积	65.64
体积	158.42
墙面积	14.50
屋顶面积	0.00
门面积	4.20
隔墙面积	0.00
窗面积	14.31
天窗面积	0.00
照明负荷 (W)	918
电力负荷 (W)	706
人数	33
每人的显热增量 (W)	73
每人的潜热增量 (W)	59
渗透风量 (L/s)	0.0
空间类型	会议室/多功能厅

计算结果	
峰值冷负荷 (W)	**6,302**
峰值制冷时间(月和小时)	十月 13:00
峰值显热冷负荷 (W)	4,474
峰值潜热冷负荷 (W)	1,827
峰值制冷风量 (L/s)	343.4
峰值热负荷 (W)	**1,210**
峰值加热风量 (L/s)	59.9

图 2.38　Revit 房间负荷报告

2.3.4 空气质量

室内空气质量一方面指的是自然通风换气，另一方面是要符合《民用建筑工程室内环境污染控制规范》(GB 50325—2010)的要求，同时符合《室内装饰装修材料人造板及其制品中甲醛释放限量》(GB 18580—2001)、《室内装饰装修材料混凝土外加剂释放氨的限量》(GB 18588—2001)、《建筑材料放射性核素限量》(GB 6566—2010)。这方面主要是对室内装修材料的选择和数据统计。在 BIM 模型的建立过程中，输入装修材料的相关性能数据，并确认材料的检测报告，可以建立常用装修材料的数据库，重点关注甲醛、苯、氨、氡等有害物质的含量。同样利用 BIM 模型的参数化和统计功能，可以计算出不同房间的 VOC 等有害物质含量（图 2.39），设计师可以进行设计选材的优化，而不是在装修施工完成后放入大量的活性炭或者绿植。

<会议室_材料空气质量相关属性列表>

A	B	C	D	E	F	G	H
材质:名称	面积（平方米）	甲醛含量/甲醛释放量	挥发有机化合物	苯含量	氯乙烯单体	备注	计数
硬包	24.21	120mg/kg			1mg/kg		1
硬包	24.21	120mg/kg			1mg/kg		1
硬包	2.37	120mg/kg			1mg/kg		1
硬包	2.37	120mg/kg			1mg/kg		1
硬包	2.37	120mg/kg			1mg/kg		1
块毯	67.47	0.014mg/㎡·h	0.283mg/㎡·h			铺在混	1
灰橡木	7.85	0.3mg/L					1
灰橡木	7.85	0.3mg/L					1
灰橡木	7.85	0.3mg/L					1
灰橡木	7.85	0.3mg/L					1
灰橡木	7.85	0.3mg/L					1

图 2.39 Revit 房间空气质量属性报告

2.4 信息集成的设计模式

在设计实践的过程中，数字信息技术已经逐渐发展到了内化的阶段。信息已经不单纯指单一的建筑模型内的各类属性信息，而是一种工作方式，可以从三个阶段来深入了解设计信息的表达：第一阶段的设计信息相当于没有联网的独立计算机，只能操作本台计算机上的内容；第二阶段的设计信息相当于连接在工作组中的若干台计算机，虽然拥有了共享功能，但依然是局部的；第三阶段的设计信息相当于互联网时代的计算机集群，把各种信息整合一体化，实现信息的交流、传递、共用，达到真正意义上的信息传达。

在传统的设计过程中，信息是零散、孤立的，在不同项目流程中往往会出现信息缺失和信息断层等问题，在不同的阶段，需要多次重复建构相似的信息，对时间和人力的利用都是低效的。把信息转换平台统一在建筑信息模型平台之后，不同专业人员在同一语境中进行沟通，同专业人员可以进行多成员共同设计，提高设计效率，设计信息也可以用于多项设计活动中，在不同领域可多次利用，而且保证信息传递的真实性和有效性。

建筑信息模型不仅仅是软件而已，所有的数据都在资源库共享，还可进一步编辑操作，如何使用这门技术、把握数据和信息才是关键。

在建筑信息模型的平台上整合各类设计信息，不仅可以对设计师的概念进行集成表达，把有形体块和无形数据相结合，对设计方案进行一定程度的优化，还可使设计信息在建筑全寿命周期中进行共享传递，形成建筑数据信息的资源库，实现不同专业、不同建筑阶段设计信息的多重利用，同时，在建筑设计方面，还可以把设计信息通过建筑性能分析软件，对建筑周围物理环境进行理性分析，综合声光热等物理分析结果优化方案设计，尽可能减少能源消耗，对可持续发展作出一定努力。

2.4.1　设计信息的集成

室内项目的设计信息包括两个方面的主要内容：几何形的构件和数据型的构件属性。其中，几何构件直观可见，是有形的设计内容，构件属性是隐含在各类构件内部、无形的数据型信息（图 2.40）。

图 2.40　设计信息的组成内容

传统设计方式是把各部分信息独自割裂，再相互拼凑，信息之间的转换是物质化的方式，而且在不同的设计媒介中，信息的传达是单向的，相互之间缺乏实时同步，因此在信息转换的契合度上，会出现各类问题，需要多次反复对同一个事物进行沟通（图 2.41）。

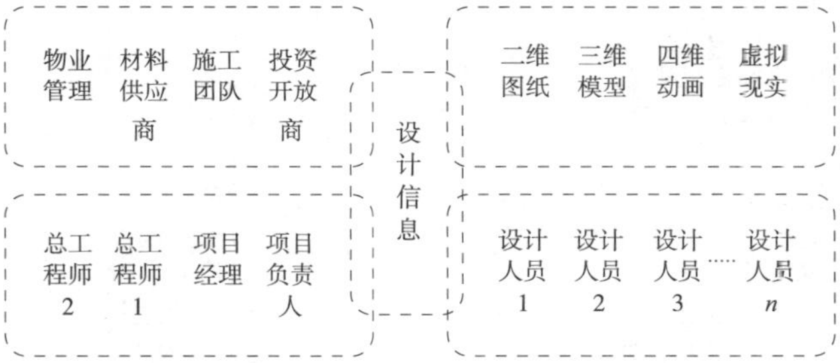

图 2.41　传统模式下的设计信息状态

建筑信息模型平台把几何形构件和数据型属性集成在信息模型中，二者相互依托而存在。设计信息在不同专业、不同领域之间共同存在，专业内多名设计人员共同协作，提高工作效率，专业间设计信息高效流通，降低后期冲突，同时还可以切换为不同的信息表达模式（图 2.42）。

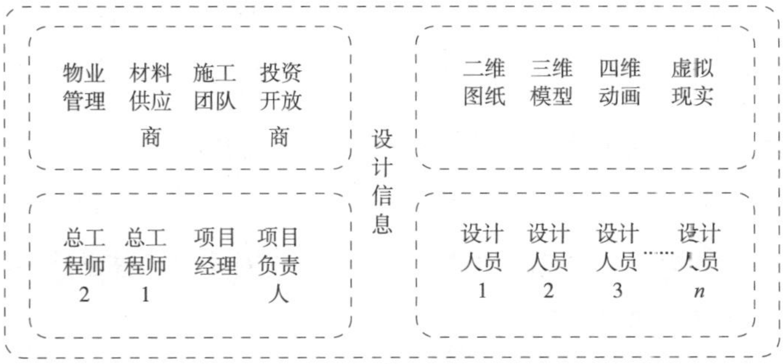

图 2.42　集成模式下的设计信息状态

同一个建筑信息模型，可快速进行视图的切换，有多种不同的表达方式，从不同角度，对整体性的模型进行拆分表达。二维图纸、三维模型、四维动画和虚拟现实以及文档等方式，都是信息表达的不同方式。在信息集成的模型中，多种表达方式相互融合，不仅模型的修改可以联动更新，信息的表达也与修改后的模型实时相对应（图 2.43、

图 2.44)。

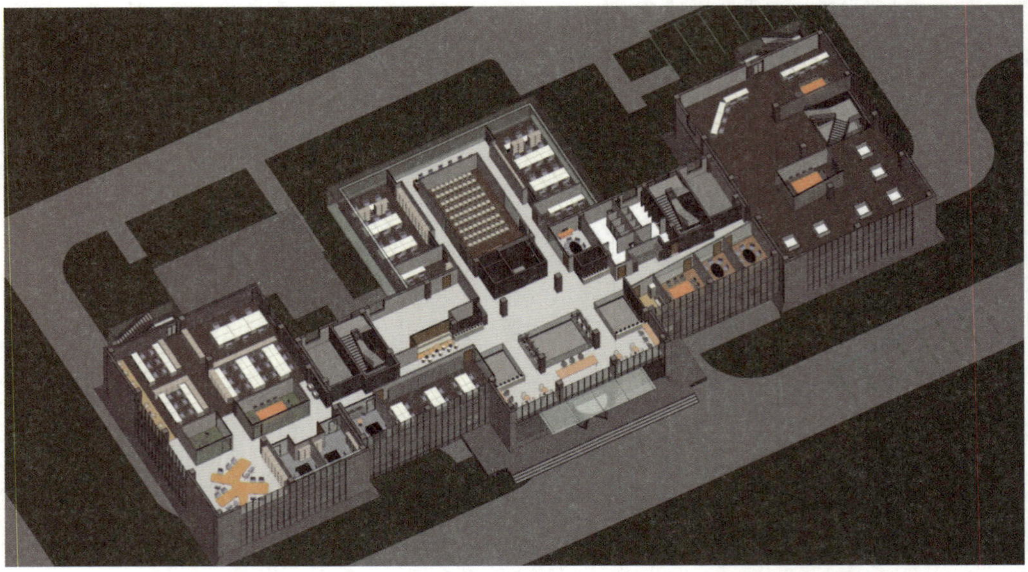

图 2.43 同一模型中信息集成的模型表达方式（二层家具模型展示）(图片来源：航天福道 ISEE 智慧大厦项目团队)

F2	2#会议室座椅570x670	扶手椅2	4
F2	2#会议室正方形会议桌 800x800	边桌1	1
F2	3#会议室会议桌 1600x3200	桌10	1
F2	3#会议室座椅 570x670	扶手椅2	12
F2	4#会议室TV桌 500x1800	桌10	1
F2	4#会议室会议桌 1200x2000	桌子-椭圆形	1
F2	4#会议室座椅 570x670	转椅9	8
F2	5#会议室座椅 570x670	扶手椅2	10
F2	5#会议室矩形会议桌 1600x2430	桌10	1
F2	6#会议室座椅 570x670	转椅9	8
F2	6#会议室成品会议桌 1200x2000	桌子-椭圆形	1
F2	7#会议室座椅 570x670	转椅9	8
F2	7#会议室成品会议桌 1200x2000	桌子-椭圆形	1
F2	二层仿真中心休闲茶桌 直径540	桌子-圆形	4
F2	二层仿真中心座椅	转椅9	33
F2	二层仿真中心成品休闲椅 500x600 2	椅子6	8
F2	二层仿真中心成品会议桌 1000x2000	桌9	6
F2	二层仿真中心成品办公桌 700x1400	桌9	27
F2	二层仿真中心成品组合柜（低）600x700	书柜7	56
F2	二层休闲区花池	矩形花池	2

图 2.44 同一模型中信息集成的数据表达方式（图片来源：航天福道 ISEE 智慧大厦项目团队）

2.4.2 设计信息的交流与传达

室内设计是信息综合处理的过程，是需要多专业配合、多团队协作的综合性设计工程。在设计以及相关的活动中，设计信息需要在不同专业和不同流程之间反复利用，初步设计完成后，需要计算造价，需要与特殊设备供应商进行沟通，并进行装配和施工，建造完成后需要进行后期运营和维护等序列行为。从节约能源、减少浪费和提高效率等角度考虑，在建筑信息模型的基础上，把设计信息进行集成，可以进行设计信息在各个领域之间的序列传递。

通过全寿命周期管理，可以对信息起到统筹管理的作用，从立项设计、造价计算、材料购置、运输建造、运营维护以及后期的改造和拆除（对材料可以进行选择性的回收和再利用）可进行全寿命周期的管理，统筹计算和采购，可提高资源的利用率，降低对环境的破坏，预先演练和修正设计，能节约建造的时间陈本，对设计而言都是有益的。用一定的时间期限和合理的投资来满足开发商和用户的需要（图 2.45）。

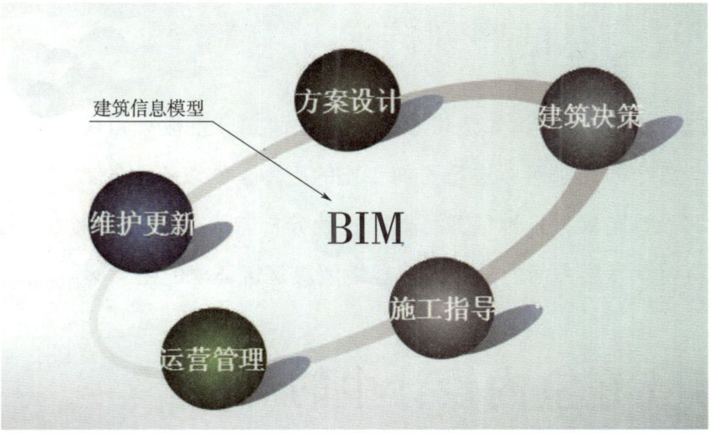

图 2.45　全寿命周期过程图示

建筑信息模型的全寿命周期过程中，有多个不同领域的参与方，比如业主方、设计单位、政府部门、监理单位、施工团队、材料供应商等，各个参与方之间需要有效的信息沟通。客户通过交流沟通，将相关信息传递给设计单位，设计单位以图纸和模型等多种形式将设计信息表达出来，并传递给施工单位、造价单位、监理单位、材料供应商、运营管理单位等，并对存在问题实时反馈，通过建筑信息模型共同参与到项目的各个过程中，方便设计项目的信息管理（图 2.46、图 2.47）。

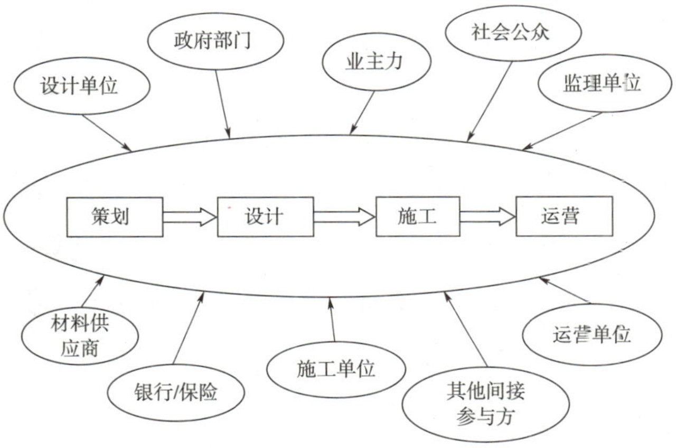

图 2.46　项目周期过程中不同参与方

（图片来源：孙悦．基于 BIM 的建设项目全生命周期信息管理研究 [D]. 哈尔滨工业大学硕士论文，2011：11）

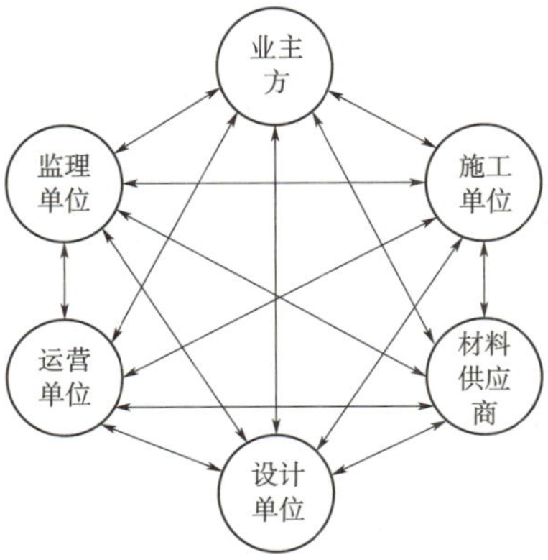

图 2.47　主要参与方之间信息流

（图片来源：孙悦．基于 BIM 的建设项目全生命周期信息管理研究 [D]. 哈尔滨工业大学硕士论文，2011：13）

在信息集成的状态下，才能实现建筑全寿命周期的目标，让设计信息在建筑的不同参与方和不同阶段进行顺利传递，保证信息的完整性，也方便建设项目的管理。

2.4.3 设计信息的序列传递

使用 BIM 模型可以进行诸如造价预算、施工计划、性能模拟、规范校核、可视化等多种任务操作。各个阶段都可以进行更加专业的应用，并以不同的方式全面利用和展现设计信息。在方案设计阶段，设计信息可以向性能分析方面转化，进而用理性方式来优化设计。通过建筑可持续发展方面的分析，合理地解决建筑环境的生态问题。

2.5 BIM 在室内设计中的局限

BIM 在室内设计中存在以下局限：

（1）概念设计的模糊性与信息模型的精确性。设计过程是设计概念从模糊到清晰、设计方案从抽象到具体的过程，对于室内设计而言，信息模型在设计表达上具有较高的精确性要求，因此在概念设计阶段信息模型存在设计表达上的不足。

（2）基于信息模型的资源匮乏。由于信息模型在室内设计中的应用案例较少，应用时间较短，同时室内设计模型类型多样，可直接利用的模型资源较少，需要设计师自行创建，这样在使用信息模型的初期会较大幅度降低设计师的工作速度。

（3）团队结构复杂。基于信息模型的设计团队架构比 CAD（Computer Aided Design，计算机辅助设计）的团队架构复杂。CAD 团队架构中，室内专业与建筑、结构和设备之间的关系是一种平行的关系，而在室内信息模型的设计团队中，他们之间更直接的是一种相互依赖的关系，团队之间的组织关系更加紧密，工作进度相互影响。

（4）建模操作本身对设计者精力的耗费较大。信息模型技术的实现有赖于设计师对计算机的操作，这一操作使得设计和图形之间的对话增加了一个媒介，较为复杂的 BIM 技术操作，无疑要耗费设计师更多精力（图 2.48）。

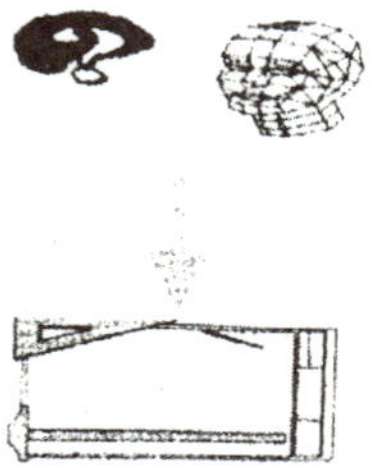

（a）传统绘图方式

（b）CAD绘图方式

图 2.48 计算机辅助设计对建筑师习惯的改变（图片来源：《从 CAAD 到 Cyberspace 信息时代的建筑与建筑设计》，张利著）

第3章
BIM技术室内设计应用实例

3.1 项目概况及准备

本书以北京筑邦建筑装饰工程有限公司承接的航天福道 ISEE 智慧大厦科研生产条件改造工程项目为背景，展开介绍 BIM 技术在室内设计中的应用。该项目建设地在北京市丰台区，工程总建筑面积为 11319m^2，室内设计面积 10000m^2，主要设计内容为办公楼内除机房外的其他功能区。

3.1.1 资料准备

该项目是旧建筑室内改造项目，将原建筑图纸重新绘制 CAD 文件，启动 BIM 设计时方案已完成，正在进行初步设计。

3.1.1.1 CAD 文件

CAD 文件包括平面图（图 3.1）、立面图、剖面图、材料表等。

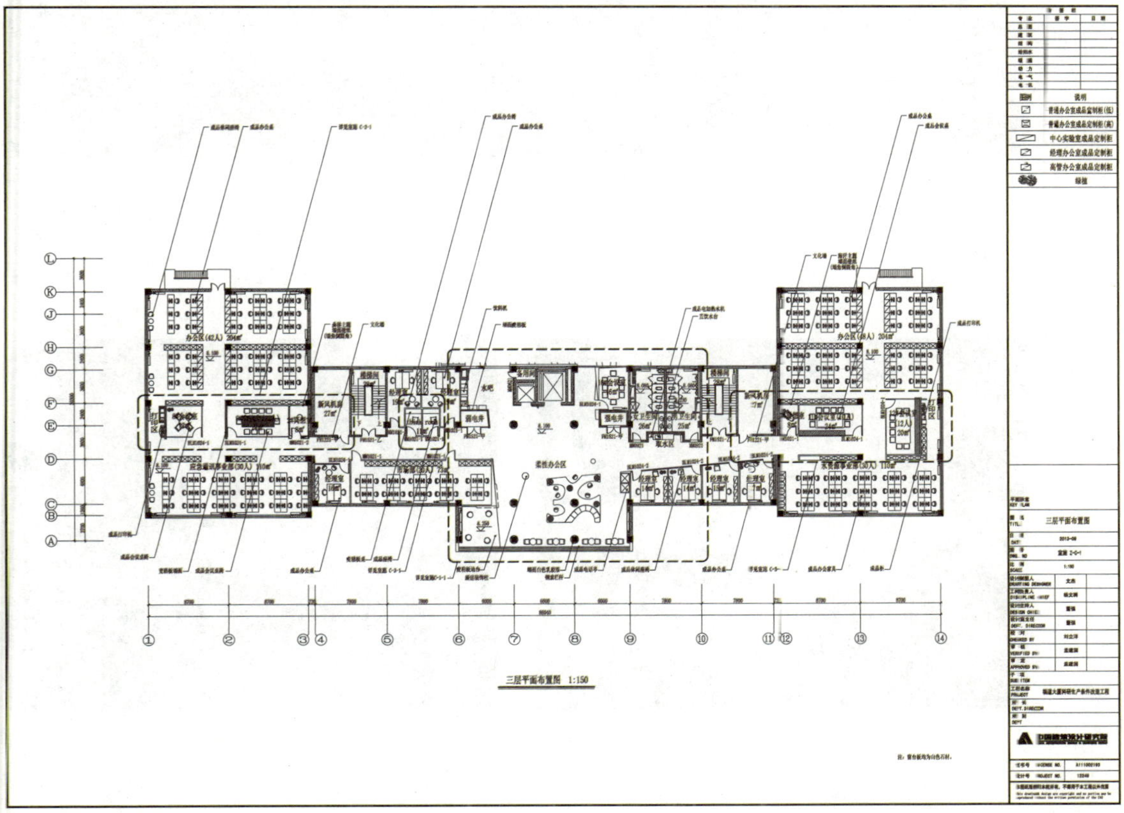

图 3.1 项目的 CAD 资料

根据 CAD 文件可以建立建筑空间模型，作为室内及设备模型的基础。

依据材料表（图 3.2）可以建立相应的项目材料库，这样在项目组成员使用材料时方便获取模型建立过程中的材质控制。

名称	燃烧性能	用料及分层做法	做法索引（标准图索引）
地面：			
地砖	A 级	1. 8~10（10~15）厚地砖，专业勾缝剂	J909〈工程做法〉90
		2. 20厚1：3干硬性水泥砂浆结合层，表面撒水泥粉	
		3. 水泥浆一道（内掺建筑胶）	
地砖（有防水层）	A 级	1. 8~10（10~15）厚地砖，专业勾缝剂	J909〈工程做法〉91
		2. 20厚1：3干硬性水泥砂浆结合层，表面撒水泥粉	
		3. 1.5厚聚氨酯防水层	
		4. 1:3水泥砂浆或最薄处30厚C20细石混凝土找坡层抹平	
		5. 水泥浆一道（内掺建筑胶）	
亚麻地板	B1 级	1. 1.5~3厚亚麻地板，用专用胶粘剂粘贴。	J909〈工程做法〉94
		2. 20厚1:2.5水泥砂浆，压实抹光	
		3. 水泥浆一道（内掺建筑胶）	

图 3.2 CAD 文件中的项目材料表

3.1.1.2 SketchUp 模型

设计师在方案设计时建立了 SketchUp 模型（图 3.3），对空间进行推敲，也便于 BIM 技术人员理解设计方案、准确建模。

图 3.3 SketchUp 模型

3.1.1.3 现场照片

现场照片如图 3.4 所示。

图 3.4 现场照片

3.1.1.4 效果图

设计效果图如图 3.5 所示。

图 3.5 设计效果图

3.1.1.5 BIM 软件

该项目使用 Autodesk Revit 2013 系列软件。由于 Revit 系列软件只有建筑、结构、机电模块，没有室内设计模块，因此建立室内信息模型时选用建筑模块建立室内模型。

需要注意的是，Revit 软件设计文件无法由高版本转化为低版本，并且高版本文件无法在低版本软件上打开。文件由低版本升级为高版本时要特别注意：由于 Revit 文件信息量特别大，而且相互关联，所以在升级时会出现许多错误及警告，这些错误及警告会导致文件无法使用。一般情况下，不建议升级，必须升级时，请在升级前做好文件备份。

3.1.1.6 人员安排

本项目组成员 6 人，其中 5 人建立室内模型，1 人建立机电设备模型。基于模型的复杂性及工作量安排，室内模型每人建立一层。模型的建立与整合基于企业局域网络。

3.1.2 组织准备

3.1.2.1 项目计划

多人同时进行项目必须注意协同。设计工作的顺利开展离不开网络的支持，在网络建设方面，主要基于局域网络进行项目的协同设计，通过局域网将个人电脑连接在一起，并设置便于快速识别的编号和相应的访问权限。项目组人员能方便的发现相应的网络服务器访问权限的设定，避免无访问权限的人员访问项目服务器，误操作文件。

该项目的协同主要发生于室内专业内部以及室内专业和设备专业之间。BIM 工作组织设计如图 3.6 所示。

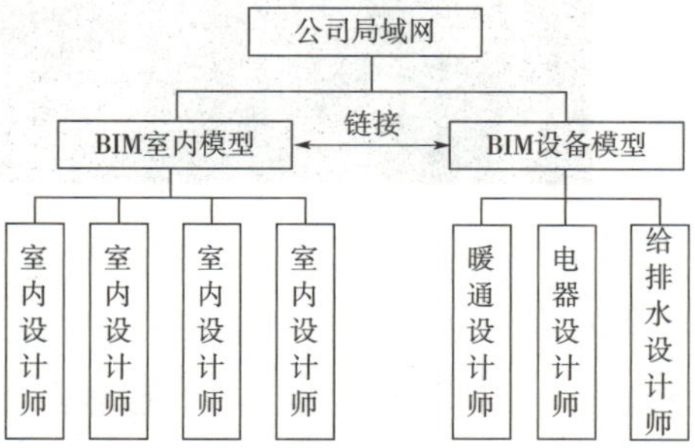

图 3.6 BIM 工作组织设计

在专业内部主要以工作集的形式实现 BIM 人员的专业内协同。通过划分工作集、设计区域等方式实现 BIM 工程师相对的独立工作。

在设计开始之前，建立工作环境的时候，首先要进行模型的分层以及分区域的划分，以便建立适合项目本身特点的组织方式，如图 3.7 所示。

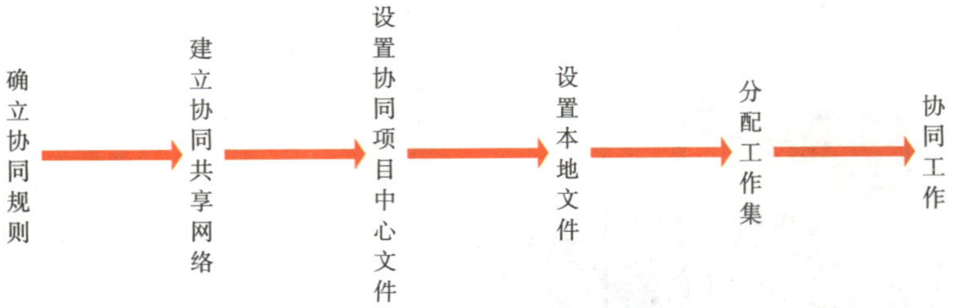

图 3.7　协同工作的建立过程示意图

由于本项目是已经进行了 CAD 的设计，BIM 以同步的方式进行。因此，还存在专业内部 BIM 人员和非 BIM 人员的协同。这一部分的协同有两种方式，一是设计师之间的语言交流，二是通过相应的软件平台实现图纸的交流。非 BIM 人员在设计时使用 AutoCAD 作为二维表达的平台，而信息模型的建立采用的是 Revit 平台，这在软件技术平台的信息相互引用上减少了障碍。这两者之间的交流主要是将 CAD 文件经过整理后，以链接的形式链接到 Revit 项目文件中，经过 Revit 设计优化后的信息，则通过相应的 DWG 格式反馈给 CAD，便于非 BIM 设计师进行修正。

在该项目中，专业间的协同主要是室内专业和机电设备专业之间的协同设计工作。这一协同过程不是室内 BIM 工作一开始就进行的，而是在室内 BIM 工作到一定阶段之后，再加入设备的协同设计工作。专业间的协同方式是通过链接的形式进行的，将室内信息模型的中心文件链接到设备的项目文件中，这样室内的方案更改会及时通知到设备专业，室内专业与设备专业之间的摩擦碰撞也会及时地显现出来，如图 3.8 所示。

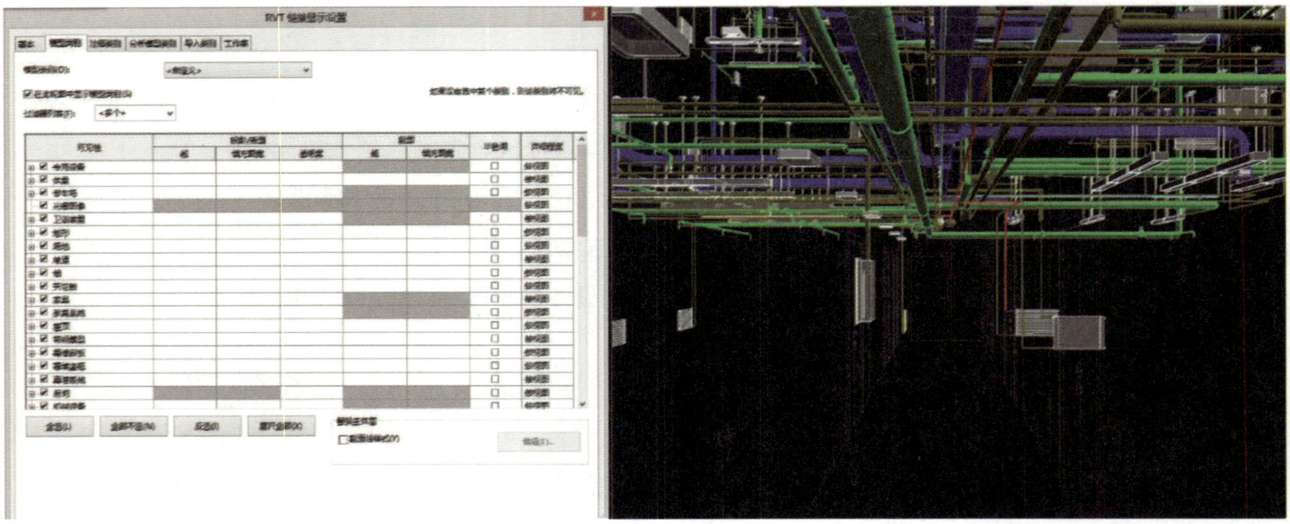

图 3.8　设备与室内专业的协同

3.1.2.2　项目文件结构的建立

项目文件保存在两个地方：服务器和本地文件。服务器用于存储项目中心文件和项目族文件，以便项目各成员之间可以通过中心文件协同工作；本地文件保存有项目所需要的一些信息。项目的网络文件夹结构如图 3.9 所示，本地文件夹结构如图 3.10 所示。

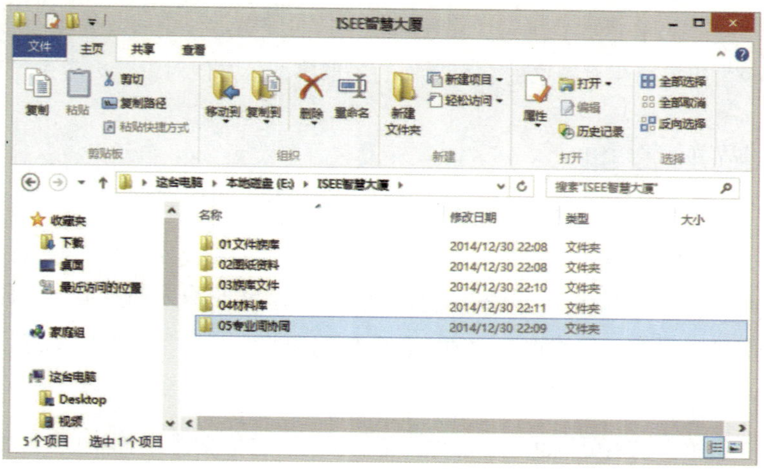

图 3.9　项目的网络文件夹结构

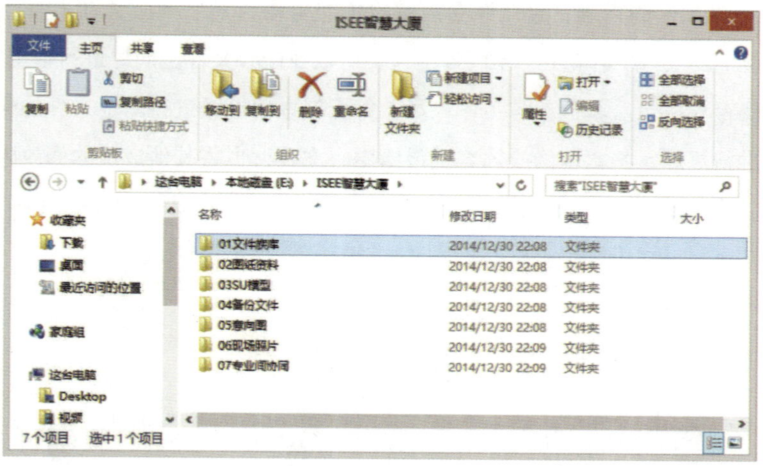

图 3.10　项目的本地文件夹结构

3.2　BIM 模型

准备工作完成之后，开始建立 BIM 模型。最终设计成果需要提交 BIM 模型，并进行建筑模型与设备模型的碰撞检测来优化设计方案。根据客户要求，首先要确定 BIM 模型的制作深度：模型的深度主要表达出建筑各饰面面层材质，而对内部构造层次暂不建立，可在后期的项目深化过程中进一步完善。客户对 BIM 模型深度的要求见表 3.1。

表 3.1　客户对 BIM 模型深度的要求

专业	建筑信息模型深度	BIM 模型建立要求	最终提交文件
建筑	室内外墙体改造，玻璃幕墙、门窗、房间定义等，以及室外景观	采用统一 BIM 工具，各专业之间协调、按照建造要求搭建模型。梁柱墙分段建模，施工缝、后浇带、伸缩缝、沉降缝处预留缝隙，预留管线开洞，体现排水管道倾斜坡度	最终综合模型和各专业过程文件、体量模型文件、模型中使用的自建族文件
结构	地上结构部分：梁板柱等结构构件；地下结构部分：柱基础、挡土墙、基础梁等		
给排水	给水管、中水给水管、消火栓和给水管、消防自动喷淋和给水管、排水管、雨水管、通气管以及相关仪表、阀门和设备		
暖通	风管、风机、风口、排烟口、采暖供水管、采暖回水管、凝水管、补给水管，以及相关仪表、阀门和设备		
电气	线槽桥架、灯具以及强弱电相关仪表和设备		
其他设施	家具、卫生洁具、智慧点要求的相关设备		

依据客户要求的建筑信息模型搭建细则，对信息模型进行横向分类别、纵向分阶段的操作，将总模型拆分为相互关联的、可操作的局部模型，方便对设计内容进行有效管理。

3.2.1 模型管理

3.2.1.1 文件管理

室内设计包含信息量较大，随着项目进程的深入，信息量大幅度增加，容易出现信息混乱，因此需要对模型进行管理，方便文件的使用和归类，包括文件的管理、模型中构件和材质的管理。

文件的管理主要包括项目的中心文件、备份文件、链接文件、不同人员的本地文件，以及项目中用到的异形族库、材质库、材质纹理图像贴图等，不同类型的文件应分类单独存储。

对于模型总文件的管理，可用某台电脑设置服务器，然后在服务器上基于局域网创建中心文件。在 Revit 工作环境中，不同专业人员可以在中心文件上同时进行模型的建立工作，并每天进行保存和备份。其他参与工作人员，每天在本地电脑进行本地文件的保存，并及时与中心文件进行更新，将本地修改内容上传给中心文件，也将其他成员的修改内容进行本地更新显示和保存。其他链接文件单独设置不同类型的文件夹保存其工作路径（图 3.11）。

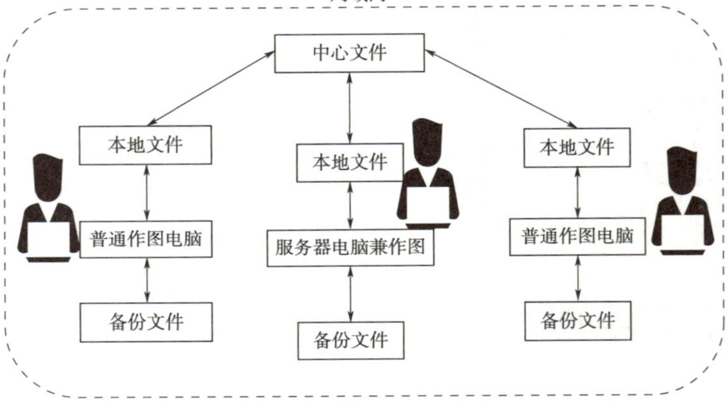

图 3.11 项目文件管理

3.2.1.2 构件管理

建筑信息模型主要是以不同的构件类型为基本单位进行建立的。建模过程中使用到的异形构件，通过族的方式建立之后，以不同的构件类型分类，保存在子文件夹中，统一进行项目文件管理，也方便以后使用，能较大地提高工作效率（图 3.12）。

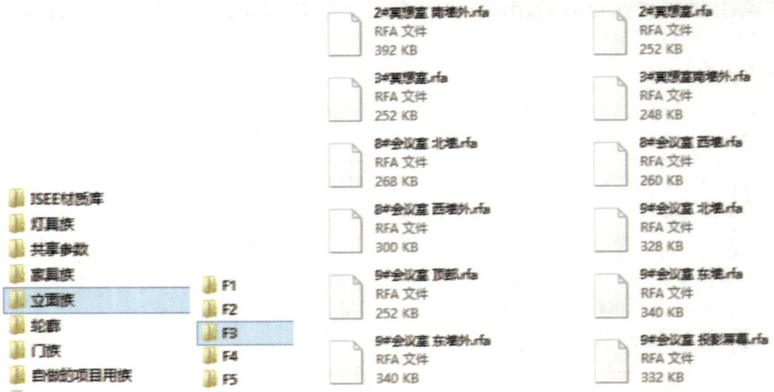

图 3.12 从左到右为特殊构件管理子文件夹的层级关系

构件不仅通过文件夹的形式进行管理，在搭建模型过程中，构件的命名管理也较为重要，通过对构件进行系统命名，区分不同类型的构件，并可快速了解构件的主要属性，对后期信息的传递效率和准确性有一定辅助作用，见表 3.2。

表 3.2 构件命名规则

基本建筑构件命名规则	构件属性	构件位置	构件尺寸	构件材质		备注
示例：建筑内墙 200 加气混凝土砌块	建筑	内墙	200	加气混凝土砌块		构件尺寸统一以 mm 为单位，材质命名以 0 开头，将项目中材质与自带材质区分，材质位置以中文名称大写首字母
室内面层构件命名规则	构件性质	所属楼层	房间名称	构件方位	面层材质	
示例：墙面 F1 值班人员东白色乳胶漆	墙面	F1	值班人员	东	白色乳胶漆	
室内使用构件命名规则（主要包括灯具和家具）	所属楼层	构件位置	构件名称			
示例：F1 卫生间防水筒灯	F1	卫生间	防水筒灯			
材质命名规则	材质属性	材质名称				
示例：0Q 白色石材	0Q	白色石材				

3.2.1.3 材质管理

材质库中的项目专用材质球的创建方法：把软件自带的相似材质球复制重命名，再进行参数的调节，比如贴图、纹理、反射、色彩等材质选项，将参数设置到项目中所需的标准程度，并对项目专用材质球进行归类整理，与软件自带的材质区分开来。对贴图文件建立项目专用文件，保证贴图文件的路径不变（图 3.13）。

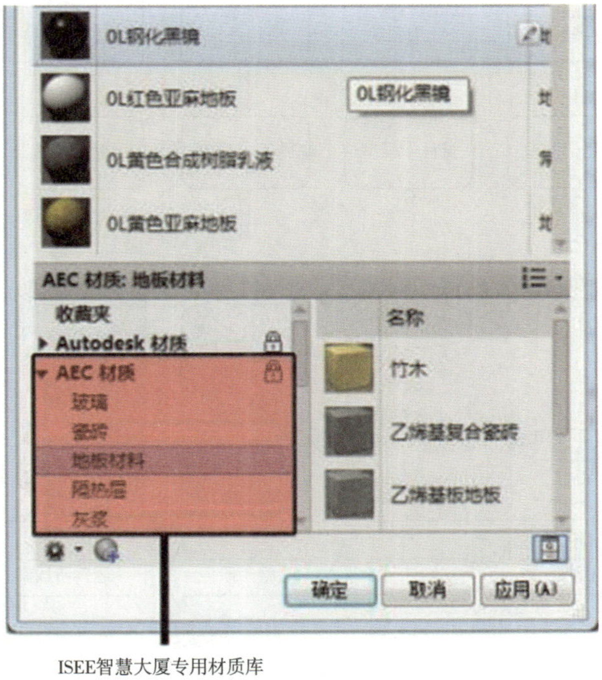

图 3.13 项目专用材质库（图片来源：航天福道 ISEE 智慧大厦项目团队）

室内设计构件材质种类多样，同一种材质会在多个构件中使用，为统一管理，在 Revit 软件自带的材质库中单独创建一个项目专用材质库。所有的材质球纹理图像贴图都从同一个项目专用文件夹中选取，保证项目中的材质共享使用，如图 3.14 所示。

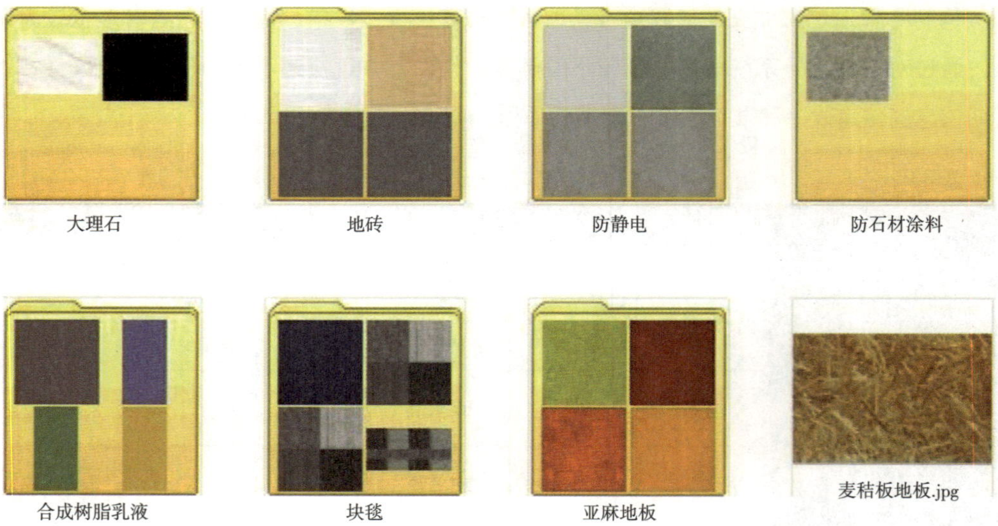

图 3.14 材质文件分类管理（图片来源：航天福道 ISEE 智慧大厦项目团队）

3.2.2 模型分类

3.2.2.1 建模流程

模型分类主要是将总模型按设计流程划分为子模型，例如规划子模型、设计子模型、施工子模型和运营子模型等。在不同设计阶段，针对不同专业特点，进行相关领域模型的建立，各个子模型之间相互独立又可通过更新保持联系，如图 3.15 所示。

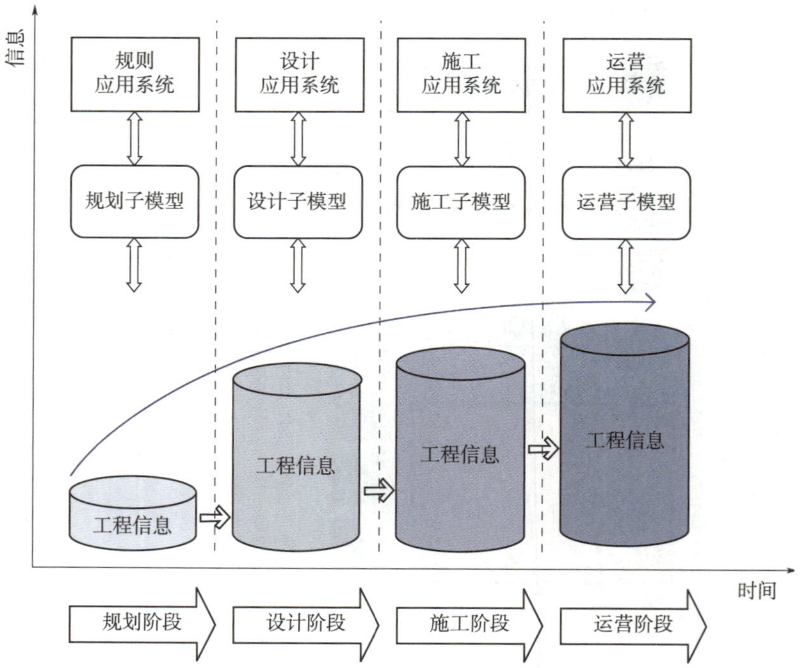

图 3.15 设计流程中建筑信息模型的管理

（图片来源：张洋．基于 BIM 的建筑工程信息集成与管理研究 [D]. 清华大学博士论文，2009:33）

在航道福道 ISEE 智慧大厦项目中，总模型分为建筑模型、室内模型、结构模型和设备模型。在基本建筑模型的基础上，进行结构模型、室内模型和设备模型的创建，如图 3.16 所示。

以建筑信息模型为平台的设计模式，改变了常规建模思维方式，各个设计模型之间不再是独立的。在基础模型完成之后，再依托定位信息，建立其他相关模型。

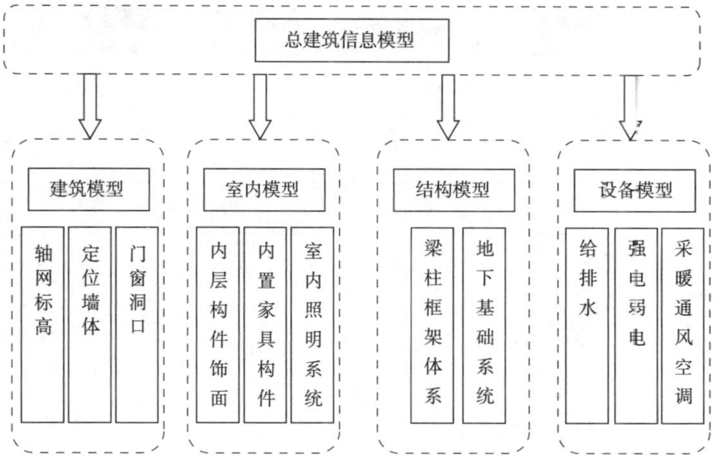

图 3.16 总建筑信息模型分类

在该项目中，模型建构的流程可以分为两个阶段，首先建立基本建筑模型，之后将基本建筑模型中的各类定位信息通过参照或者链接的方式传递到其他专业，在基本建筑模型的基础上，可同时进行室内模型、设备模型和结构模型的建立，如图 3.17 所示。

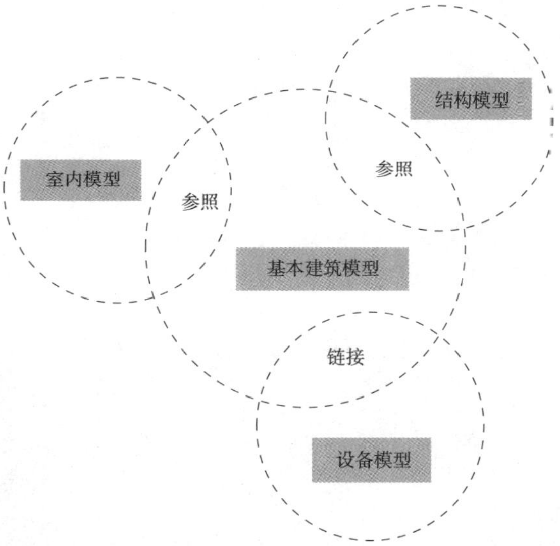

图 3.17 建模流程示意图

3.2.2.2 基本建筑模型

使用 Revit Architecture 软件搭建的基本建筑模型主要包括：场地、楼板、墙体、屋顶、玻璃幕墙、门窗、楼梯、台阶散水等。建筑模型主要选用常规构件，构件类型种类宜少不宜多，并依据构件位置、类型、属性进行统一命名，如图 3.18 所示。

3.2.2.3 室内模型

基本建筑模型完成之后，开始依附基本建筑模型创建室内模型，仍然在 Revit Architecture 中建立。室内模型的深化主要包括两个方面：一方面是对墙体、天花板、楼板等构件的内饰面进行建模；另一方面是添加家具、灯具等内置构件。

内饰面的精确建模过程也是对基本建筑构件赋予信息的过程，对楼地面、墙体、天花板等建筑构件赋予基本构造层次和面层材质，不仅可以展示设计效果，还可对面层材质进行信息统计（图 3.19~ 图 3.21）。

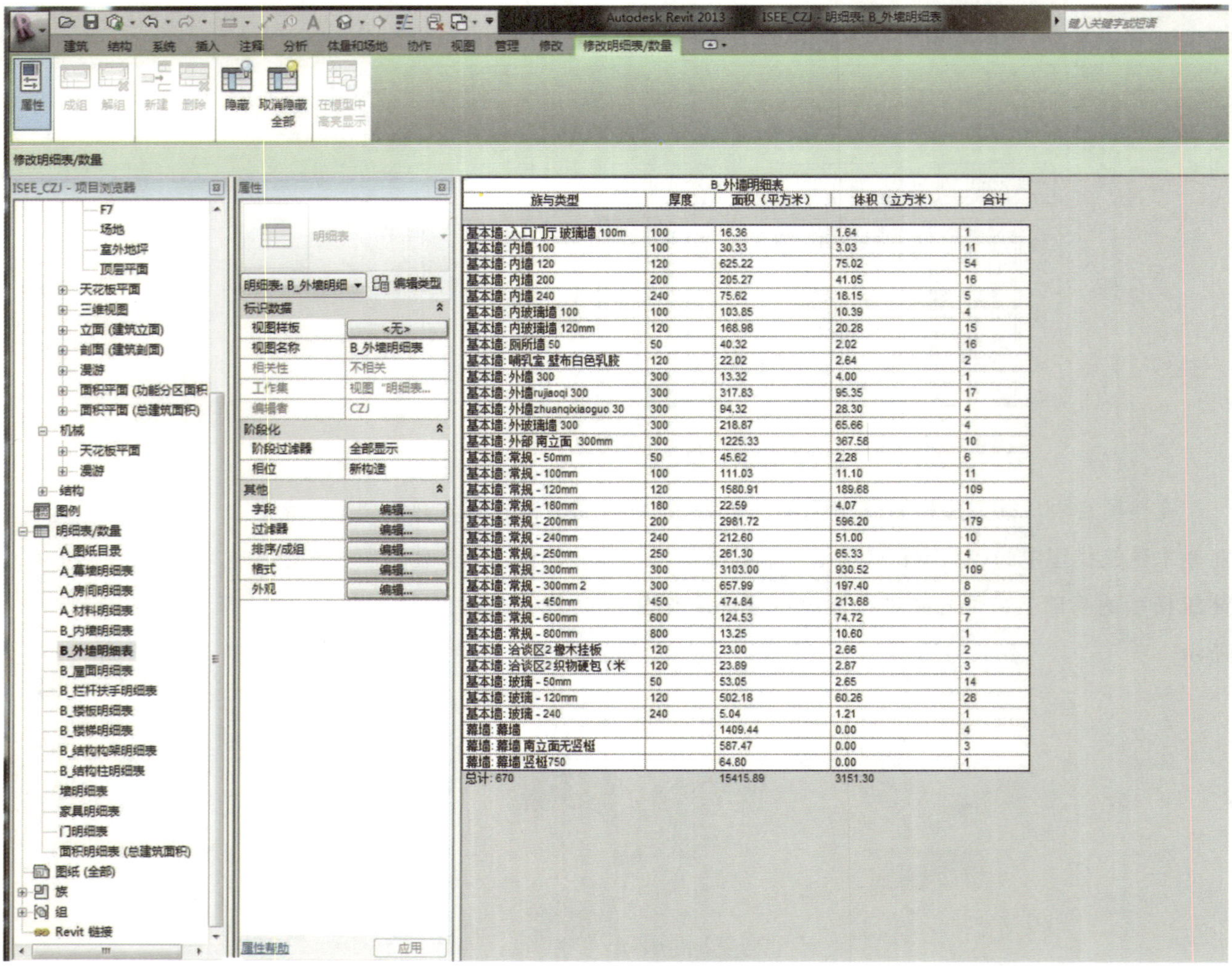

图 3.18 建筑模型中的常规墙体（图片来源：航天福道 ISEE 智慧大厦项目团队）

图 3.19 室内模型中的内饰面 1（图片来源：航天福道 ISEE 智慧大厦项目团队）

图 3.20　室内模型中的内饰面 2（图片来源：航天福道 ISEE 智慧大厦项目团队）

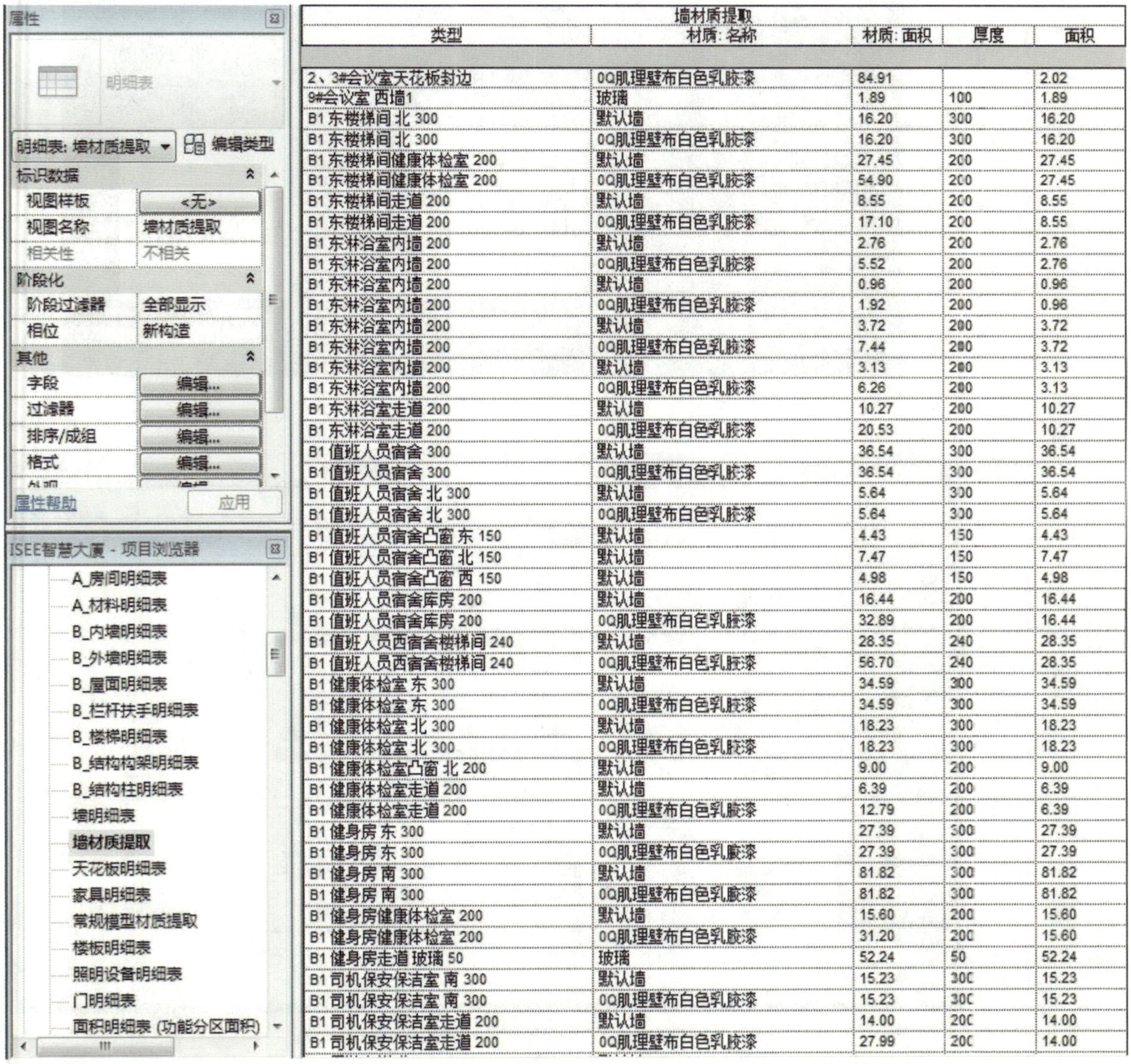

墙材质提取				
类型	材质: 名称	材质: 面积	厚度	面积
2、3#会议室天花板封边	0Q肌理壁布白色乳胶漆	84.91		2.02
9#会议室 西墙1	玻璃	1.89	100	1.89
B1 东楼梯间 北 300	默认墙	16.20	300	16.20
B1 东楼梯间 北 300	0Q肌理壁布白色乳胶漆	16.20	300	16.20
B1 东楼梯间健康体检室 200	默认墙	27.45	200	27.45
B1 东楼梯间健康体检室 200	0Q肌理壁布白色乳胶漆	54.90	200	27.45
B1 东楼梯间走道 200	默认墙	8.55	200	8.55
B1 东楼梯间走道 200	0Q肌理壁布白色乳胶漆	17.10	200	8.55
B1 东淋浴室内墙 200	默认墙	2.76	200	2.76
B1 东淋浴室内墙 200	0Q肌理壁布白色乳胶漆	5.52	200	2.76
B1 东淋浴室内墙 200	默认墙	0.96	200	0.96
B1 东淋浴室内墙 200	0Q肌理壁布白色乳胶漆	1.92	200	0.96
B1 东淋浴室内墙 200	默认墙	3.72	200	3.72
B1 东淋浴室内墙 200	0Q肌理壁布白色乳胶漆	7.44	200	3.72
B1 东淋浴室内墙 200	默认墙	3.13	200	3.13
B1 东淋浴室内墙 200	0Q肌理壁布白色乳胶漆	6.26	200	3.13
B1 东淋浴室走道 200	默认墙	10.27	200	10.27
B1 东淋浴室走道 200	0Q肌理壁布白色乳胶漆	20.53	200	10.27
B1 值班人员宿舍 300	默认墙	36.54	300	36.54
B1 值班人员宿舍 300	0Q肌理壁布白色乳胶漆	36.54	300	36.54
B1 值班人员宿舍 北 300	默认墙	5.64	300	5.64
B1 值班人员宿舍 北 300	0Q肌理壁布白色乳胶漆	5.64	300	5.64
B1 值班人员宿舍凸窗 东 150	默认墙	4.43	150	4.43
B1 值班人员宿舍凸窗 北 150	默认墙	7.47	150	7.47
B1 值班人员宿舍凸窗 西 150	默认墙	4.98	150	4.98
B1 值班人员宿舍库房 200	默认墙	16.44	200	16.44
B1 值班人员宿舍库房 200	0Q肌理壁布白色乳胶漆	32.89	200	16.44
B1 值班人员西宿舍楼梯间 240	默认墙	28.35	240	28.35
B1 值班人员西宿舍楼梯间 240	0Q肌理壁布白色乳胶漆	56.70	240	28.35
B1 健康体检室 东 300	默认墙	34.59	300	34.59
B1 健康体检室 东 300	0Q肌理壁布白色乳胶漆	34.59	300	34.59
B1 健康体检室 北 300	默认墙	18.23	300	18.23
B1 健康体检室 北 300	0Q肌理壁布白色乳胶漆	18.23	300	18.23
B1 健康体检室凸窗 北 200	默认墙	9.00	200	9.00
B1 健康体检室走道 200	默认墙	6.39	200	6.39
B1 健康体检室走道 200	0Q肌理壁布白色乳胶漆	12.79	200	6.39
B1 健身房 东 300	默认墙	27.39	300	27.39
B1 健身房 东 300	0Q肌理壁布白色乳胶漆	27.39	300	27.39
B1 健身房 南 300	默认墙	81.82	300	81.82
B1 健身房 南 300	0Q肌理壁布白色乳胶漆	81.82	300	81.82
B1 健身房健康体检室 200	默认墙	15.60	200	15.60
B1 健身房健康体检室 200	0Q肌理壁布白色乳胶漆	31.20	200	15.60
B1 健身房走道 玻璃 50	玻璃	52.24	50	52.24
B1 司机保安保洁室 南 300	默认墙	15.23	300	15.23
B1 司机保安保洁室 南 300	0Q肌理壁布白色乳胶漆	15.23	300	15.23
B1 司机保安保洁室走道 200	默认墙	14.00	200	14.00
B1 司机保安保洁室走道 200	0Q肌理壁布白色乳胶漆	27.99	200	14.00

图 3.21　室内模型中墙体饰面信息统计（图片来源：航天福道 ISEE 智慧大厦项目团队）

室内设计构件精细，造型多样。添加家具、灯具和各种异形构件等内置构件时，对于普通常规构件，可以从 Revit 软件自带的族库中选取，调整参数并系统化命名后，直接应用到项目中；对特殊装饰 Revit 族库中没有的异形构件，比如异形墙面、异形家具、异形灯具等，需要自制族库，可以依据软件自带的不同类型样板，比如家具族样板或灯具族样板，进行族的创建。对项目中的新建族进行整理，为后期的模型库增加素材，逐步丰富族库，可在以后的项目中稍微调整参数重复利用。项目中还有部分装饰板、装饰条，对于这种出现较少的装饰性构件，可采用内建构件，方便快捷，如图 3.22~ 图 3.24 所示。

图 3.22 在 Revit 软件中新建族文件

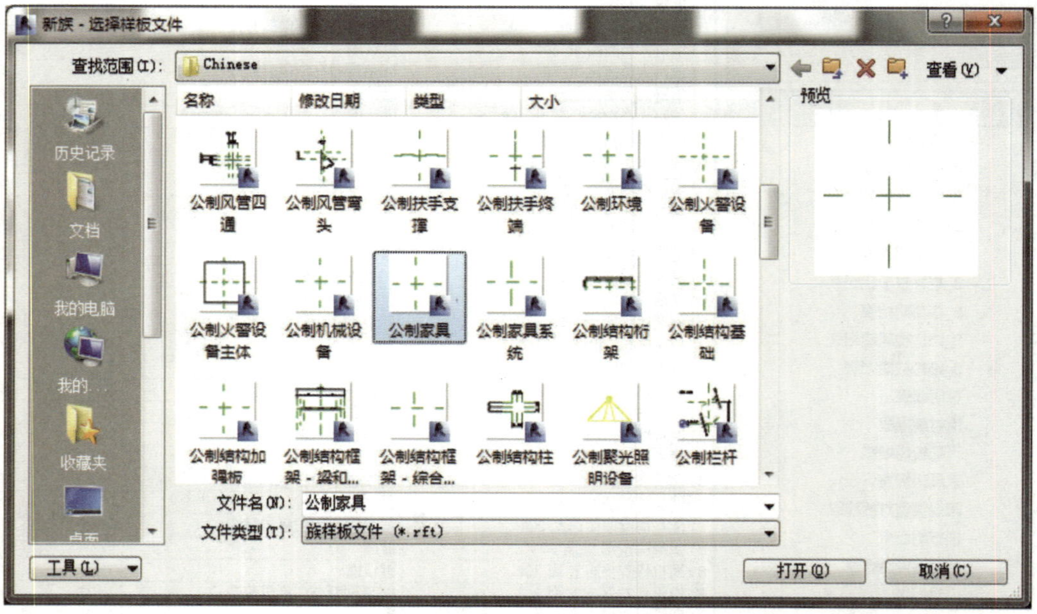

图 3.23 采用 Revit 软件自带族样板文件制作异形家具

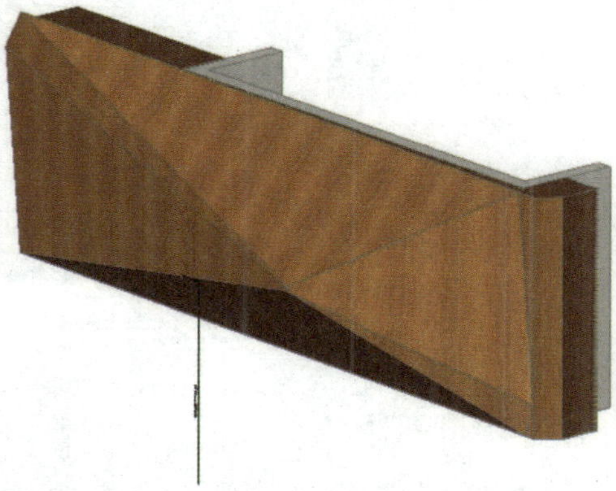

图 3.24 在 Revit 中制作的异形家具（图片来源：航天福道 ISEE 智慧大厦项目团队）

3.2.2.4 设备模型

将 Revit Architecture 中的基本建筑模型链接进 Revit MEP 中，主要包括给排水、电气和暖通三个方面。在 Revit 中，采用链接的方式，将建筑模型链接到设备文件中，参照基本建筑控制线，搭建设备模型，主要包括给排水管道、电力桥架、风管等管道，消防喷淋、用水设备、电器等输出设备和水箱、机柜等端头设备。这样做对管线碰撞有直观的检测，可以在设计阶段解决管线综合标高问题，如图 3.25、图 3.26 所示。

图 3.25 设备综合模型局部透视 1（图片来源：航天福道 ISEE 智慧大厦项目团队）

3.2.2.5 结构模型

专业的结构分析可在 Revit Sturcture 软件中进行实际数据的计算。由于 ISEE 智慧大厦项目不改变建筑结构，不涉及结构计算和测试，结构模型较为简略，可以直接在 Revit Architecture 中建立，主要包括柱子和梁。这些结构模型主要起到视觉化作用，而非真实结构构件，如图 3.27 所示。

图 3.26 设备综合模型局部透视 2（图片来源：航天福道 ISEE 智慧大厦项目团队）

图 3.27 从室内观察的局部结构模型（图片来源：航天福道 ISEE 智慧大厦项目团队）

各专业模型都搭建完成后，以建筑模型为基底，专业间再通过链接的方法，把设备模型链接到室内模型中，与建筑模型、结构模型和室内模型共同实现模型的一体化整合，进而对模型进行统一的管理和检查，也为后期的其他工作奠定基础，如图 3.28 所示。

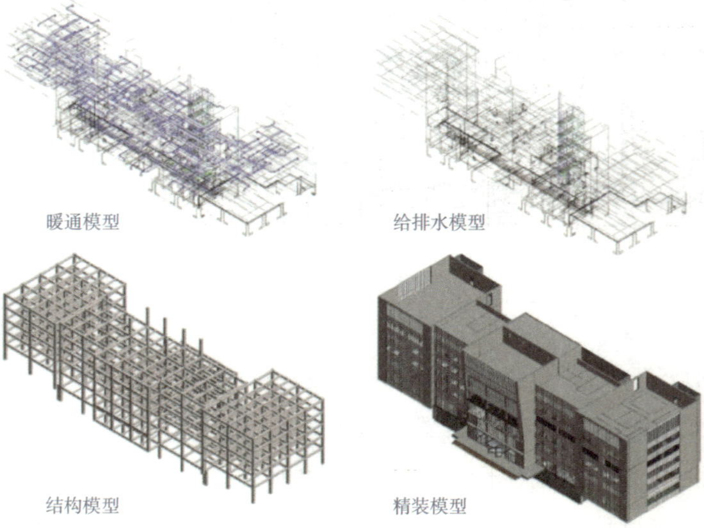

图 3.28 项目中包含的各专业模型（图片来源：航天福道 ISEE 智慧大厦项目团队）

3.3 项目协同

3.3.1 BIM 室内设计协同平台的形式

BIM 设计协同平台一般有两种形式。

3.3.1.1 基于服务器的 BIM 设计协同平台

对于企业信息化水平不高或者规模较小的设计单位，可以采用基于服务器的 BIM 设计协同平台。对原有企业网络平台进行适当改造就可以实现。这种形式具有实施快、成本低的特点。

它的显著特点是：对原来的设计方式改变小，仅在服务器上设置一个共享文件夹，每个项目具有不同的子文件夹，设立专门的协同运维人员。在日常工作中由协同运维人员创建项目协同模板，并对该文件夹的详细内容和人员权限进行维护。对于 BIM 项目的专业配合、质量管理、进度管理、出版归档等也可以通过规则约定，并在协同平台上完成。虽然相对简单，但只要应用得当，就可以很好地进行 BIM 协同设计管理。

实践证明，很多设计单位通过共享服务器进行的协同设计，可以取得很好的协同设计效果。

3.3.1.2 基于协同软件的 BIM 协同平台

对于信息化水平较高、规模较大的设计单位，可以采用基于协同软件的 BIM 协同设计平台。

协同软件具有规则内置、管理自动化、流程化等特点，可以实现高效的 BIM 协同设计与管理。

3.3.2 BIM 室内设计协同的方式

通过对建筑专业基于建筑信息模型的协同过程的研究，结合室内设计的特点，笔者提出了基于室内信息模型的室内设计协同过程：室内专业内部的协同工作、专业之间的协同工作、室内设计与相应产品设计之间的协同工作。

上述三种协同工作都是基于局域网络或者互联网络进行的，但是其具体的协同方式却是不同的。室内专业内部的协同工作主要是以工作集的方式进行，专业之间的协同工作主要是以链接的方式进行的，而室内设计与相应的产品设计之间的协同工作主要是通过室内信息模型的各种资源信息库来完成的。

3.3.2.1 通过工作集完成室内专业内部的协同工作

在以室内信息模型为主要表达方式的设计过程中，室内专业内部的协同设计主要是通过工作集的方式来完成的。

工作集通过划分团队成员之间的工作区域权限，将设计模型分别保存在本地和服务器上，以来实现团队成员之间在同一模型上的相对独立的工作，如图 3.29 所示。

从图 3.29 中可以看出，设计团队的成员，无论是主创设计师还是其他设计师，他们之间所有的设计信息都是通过中心文件来传递的，这一传递过程基于计算机的快速处理能力。与以CAD为主的设计过程相比，这一设计过程具有很多优点：①设计师们的工作环境是同一的，即同一个模型；②各成员之间的“合图”过程是高度自动化的、实时的；③表达成果是三维的、即时可视化的。

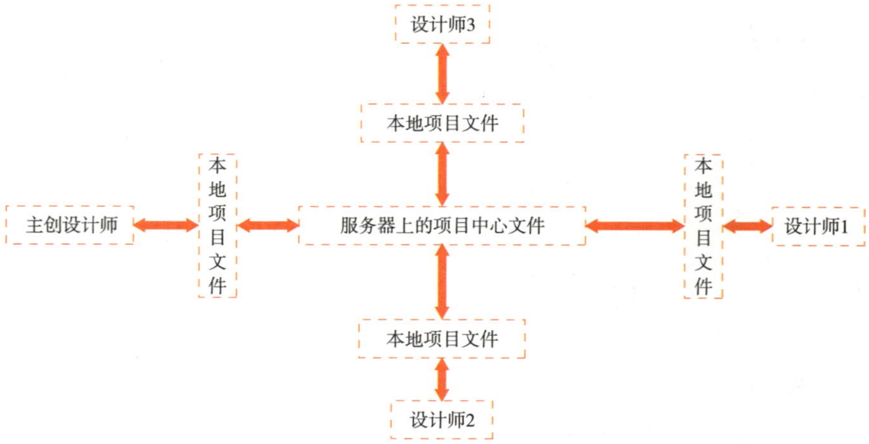

图3.29 基于室内信息模型的专业内协同简化示意图

3.3.2.2 通过链接完成专业间的协同工作

室内专业与建筑、结构专业之间的协同工作，在室内信息模型的设计过程中，主要是通过专业间模型的链接完成的。

通过将各专业的模型以链接的方式链接到室内项目文件之中，室内设计师能方便地读取其他专业的设计信息，同时，对于专业之间的碰撞也能及时进行协调。

如图3.30所示，建筑、结构、设备和室内模型共同构成了包含整栋建筑所有信息的建筑信息模型。室内专业通过获取总的建筑信息模型的数据，来进行室内设计的设计参考、设计协调，最终形成设计成果。

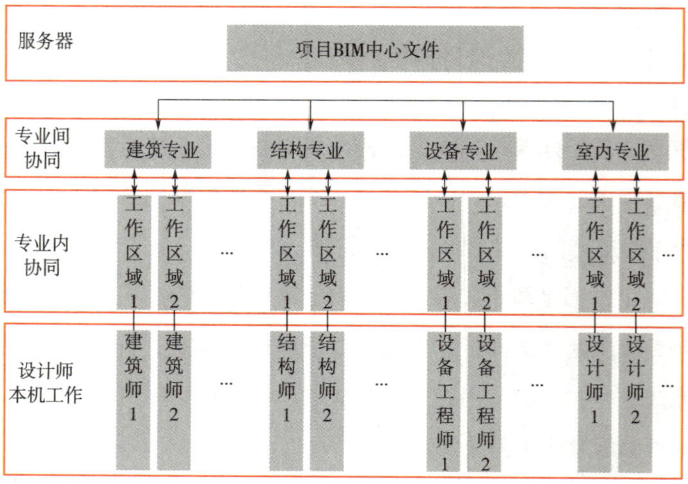

图3.30 基于信息模型的专业间协同简化示意图

与以CAD为主的设计过程相比，这一过程是集中式的专业间的设计协同，专业间的设计碰撞能更加清晰地呈现出来，减少了专业间设计交流的障碍。

3.3.2.3 通过资源库完成行业间的协同工作

室内信息模型的各种信息资源库为室内设计过程中行业间的协同工作提供了可能。这里所说的行业间协同，指的是室内设计师与相应的产品设计师、生产厂商之间的设计交流。

如图 3.31 所示，室内信息模型的信息资源库，是一个开放的、多向的文档保存资源库，连接了与室内设计有关的上下游行业。资源库中的数据资源既来自室内设计，也来自产品设计师、生产厂商。库中的资源信息，不仅仅是一个产品的外形，还包括许多非几何的信息，如材料的成分含量、价格、寿命年限等与绿色、健康有关的数据信息。

图 3.31 基于信息资源库的行业间的协同简化示意图

通过信息资源库，更好地打通了室内设计各环节的信息交流与资源共享。

3.3.3 ISEE 项目协同平台的建立

该项目使用的是基于服务器的 BIM 设计协同平台，即基于企业的局域网络，借助 Revit 软件的“协作”功能实现建筑和室内以及室内专业之间的协同设计，通过 Revit 软件的“链接”功能实现与机电专业的协同设计。

3.3.3.1 专业内的协同设计工作

在室内信息模型的建立过程中，基于室内设计的特点将建筑模型和室内模型分开建立是比较合适的模型建立方法。因为室内设计几乎不改变建筑结构，无需结构计算，只是将建筑专业的模型作为一个参考基准，在此基准下进行室内设计的建模工作，单独建立室内信息模型，能够将建筑和室内两部分之间的相互交叉降到最低程度。

机器的配置以及模型构建会随着项目的进展而增多，Revit 文件对内存需求增大会导致运算效率大幅度降低，因此需要对模型进行合理的划分，以便设计人员能更好地进行协同设计。根据设计人员的数量和项目的实际情况，该项目分别将项目模型地下一层及夹层、一层、二层及三层、四层及五层分别作为四个设计单元（图 3.32），并作为协同设计的依据。

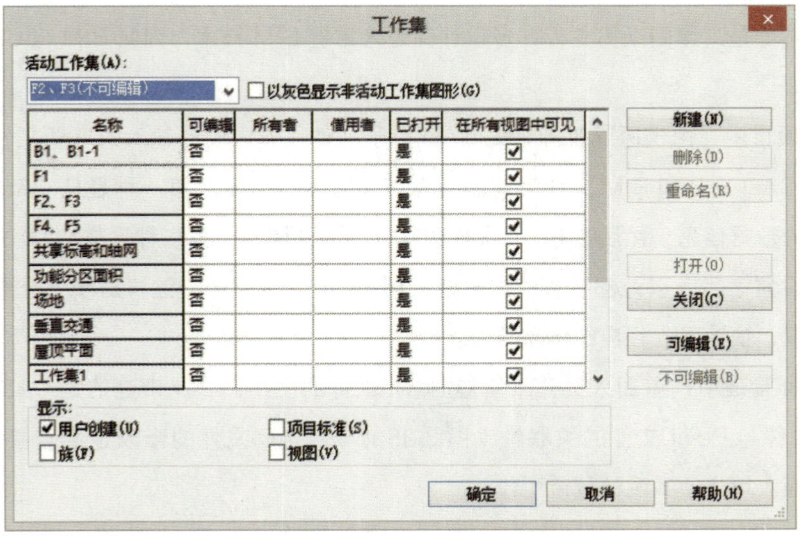

图 3.32 室内专业内部工作集划分

3.3.3.2 专业间的协同设计工作

室内与机电设备之间的协同是通过软件的链接实现的，将建筑和室内模型作为资料模型通过网络链接到机电专业中，这样机电专业可以根据相应的模型基准进行管线的综合设计工作，同时由于链接文件之间有相互的关联，当建筑和室内模型发生更改时，会即时地反应到机电专业的模型中。通过局域网络，各专业人员可以方便、即时、直观地进行本专业内部以及专业之间的设计合作，随时进行技术交流和沟通（图 3.33、图 3.34）。

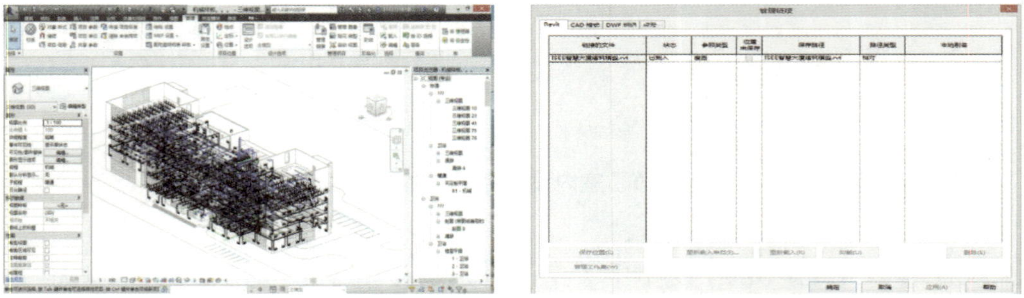

图 3.33 室内模型与设备模型的相互链接

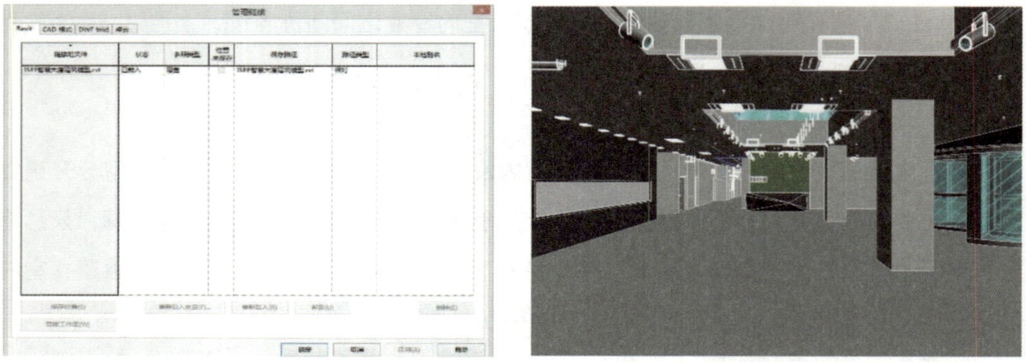

图 3.34 ISEE 项目室内与设备专业的协同

3.3.3.3 BIM 与 CAD 之间的协作

ISEE 项目的 BIM 设计绝大部分是基于已有的 CAD 图纸进行室内信息模型的建立，因此 BIM 和 CAD 之间的信息传递和协作也成为本项目的组成部分之一。在目前的设计成果标准上，依旧是二维图纸为主，许多设计师还未掌握 BIM 技术，因此 BIM 与 CAD 之间的协同很重要。

在该项目中，由于原建筑图纸无 CAD 电子文件，室内设计输入的电子文件仅有一部分，所以 CAD 文件和 BIM 文件之间的信息传递有两种方式。第一种是从 CAD 文件中量取所需要的数据信息，然后在 Revit 文件中输入相应的信息；第二种是将 CAD 文件进行相应的整理设置之后，以外部链接的方式链接到 Revit 文件之中，这样对于部分图形信息可以直接拾取，快速建立相应的信息模型。

在设计管理中，审图人员并未掌握 Revit 软件的使用，因此审查的是 CAD 文件。基于 CAD 文件与 Revit 文件的关联性（图 3.35），对 CAD 文件的修改也会直接修改 Revit 模型，这极大地方便了设计校审工作。

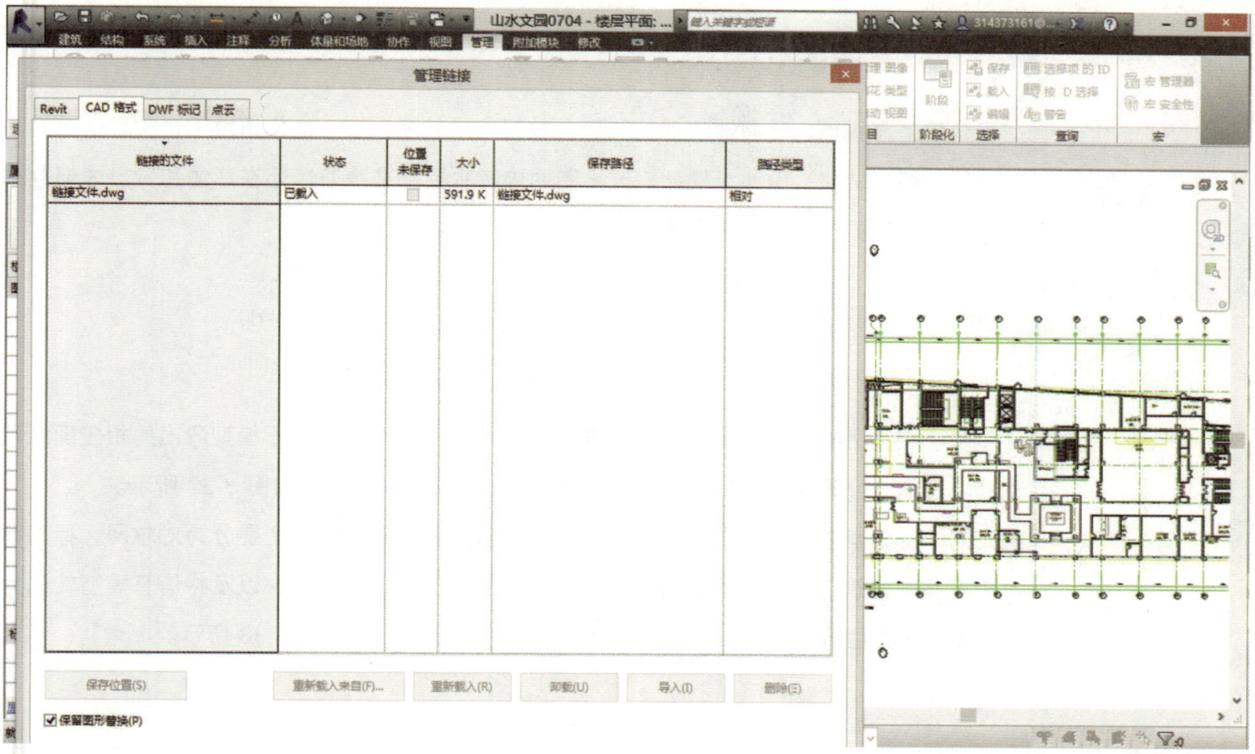

图 3.35 CAD 与 BIM 的链接

3.3.4 项目协同应注意的问题

（1）协同开始之前要建立统一的模型构建规则，避免同一模型构件出现不同的名称，导致项目文件杂乱无章。

（2）进行协同时，明确项目组人员的工作内容，避免出现重复性和越权限操作，以及可能带来的灾难性后果。

（3）协同内容要根据项目的实际情况和人员安排进行合理划分。

（4）设置合理的网络文件夹的结构和相应的访问权限。

（5）建议将项目的 Revit 文件和相应的贴图文件（室内专业需特别注意）等文件放到同一个文件夹里。

（6）协同有专业内协同、专业间协同、BIM 人员和非 B M 人员的协同，这几种协同的具体方式不同，除了专业内协同是用工作集的方式外，其他的协同宜采用链接的方式，这样可以减少模型对系统资源的占用。

3.4 BIM 出图

各专业模型建立完成并整合之后，可以进行项目的出图工作。传统的出图是设计师根据国家制图标准和项目的特点，通过经验来决定绘制哪些图纸，难免出现错、漏、碰、缺的情况。在建筑信息模型平台上，信息的集成性和可视化，使信息的提取方式更多样、更快捷、效率极高。

建筑信息模型搭建完成后，可以将整体模型进行“拆分”表达：不仅能够从模型中导出常规技术图纸、表现图纸和视频动画，还可以对隐含在构件内部的属性进行统计和图标说明，三维数字模型的视图也可用于辅助设计表达。

3.4.1 BIM 出图的内容

建筑信息模型，是将建筑形体和隐含数据集成起来，在一体化语境下，实现信息的高效传递和相互转化，因此，模型需要出图的内容主要是准确表达外在形体和导出内部数据信息。BIM 主要出图内容如图 3.36 所示。

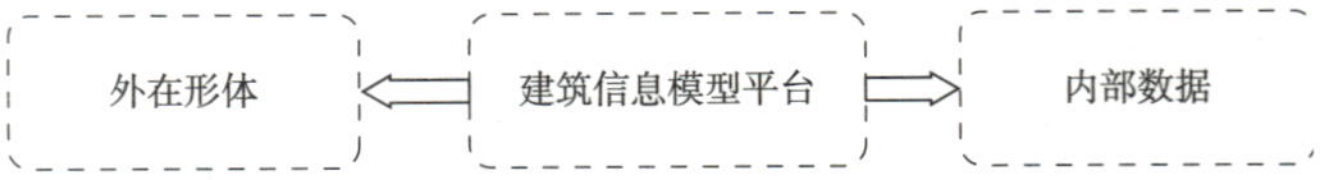

图 3.36 BIM 主要出图内容

数字模型外在形体的表达内容主要包括三维数字模型以及基于模型导出的相应图纸和动画。图纸可分为用于施工图的技术图纸和设计性的表现图纸，如图 3.37 所示。

对于建筑信息模型内部的各类设计数据信息的整理和表达，主要分为对轴网、标高和面积等基本建筑信息的表达，对信息模型内部的构件的分类统计，以及将信息模型转化为相关的建筑性能分析数据，既辅助设计又可用作方案表达，如图 3.38 所示。

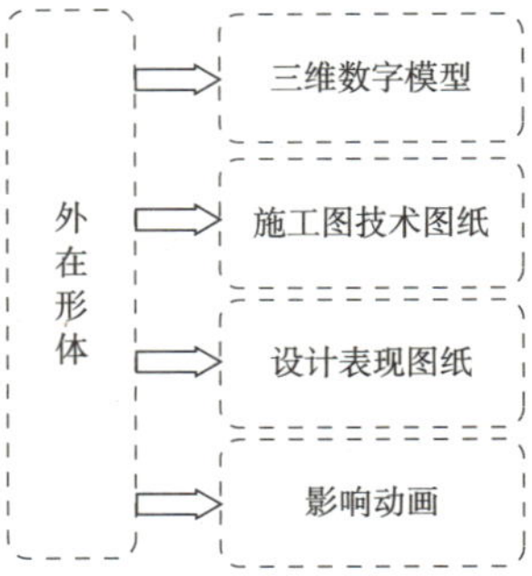

图 3.37 外在形体的表达内容

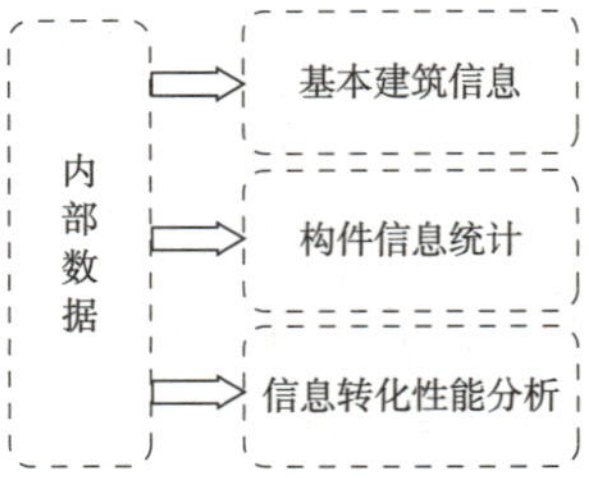

图 3.38 内部数据的表达内容

BIM 的出图方式是在信息集成的状态下，通过相关参数设置和常用操作，把建筑信息模型直接导出数字模型、各类图纸、信息统计以及影像动画等各种不同形式（图 3.39）。

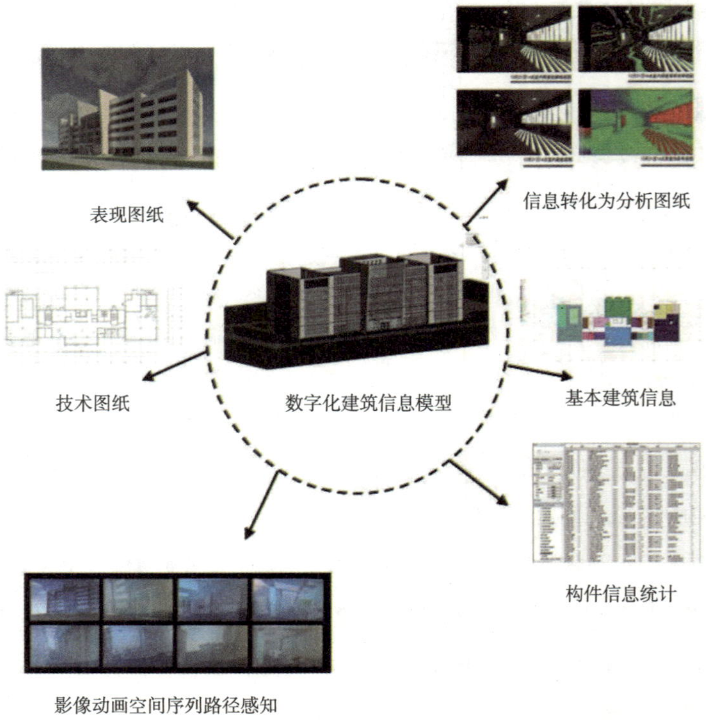

图 3.39 BIM 数字化模型统一出图方式

模型中的各类信息可以减少由人为因素导致的失误，简便的操作可以大幅度增加出图的数量，对设计项目的描述更全面，更便于各方理解和建设实施。

3.4.2 模型检查

数字模型（图3.40、图3.41）是设计信息表达中的主要部分，既可以对设计成果有直观的观察，又可应用在多个设计流程中。建立完成的建筑信息模型应在出图前认真、仔细检查，通过剖切框等命令还可对数字模型剖切，查看内部效果。

图3.40 整体数字模型（图片来源：航天福道ISEE智慧大厦项目团队）

图3.41 分层数字模型（图片来源：航天福道ISEE智慧大厦项目团队）

3.4.3 技术图纸

由于目前常用的施工图交接标准依然是以图纸为主，数字模型并不能作为施工依据，必须将模型导出为相应的二维技术图纸，方可与施工单位、造价单位、材料供应商等多方进行信息传达。

Revit 模型导出技术图纸的基本流程为：

（1）对模型构件进行尺寸标注与注释说明，包括模型的标高、定位尺寸和相关图纸说明，让模型的详细数据信息展示出来。

（2）设置图层，把出图的线型、颜色、名称、链接文件等内容设置为所需格式，将模型分类导出。

（3）创建标准图纸，复杂的局部应有剖面图或者详图，使各专业图纸达到统一出图格式。

（4）建立图纸目录，方便图纸归类整理和查找使用。

（5）设置构件可见性和遮盖框，使图面布置美观，达到整体布局要求。

（6）导出 CAD 图纸（图 3.42、图 3.43），对于部分需要进一步修改编辑的图纸可在 CAD 软件中进行完善。

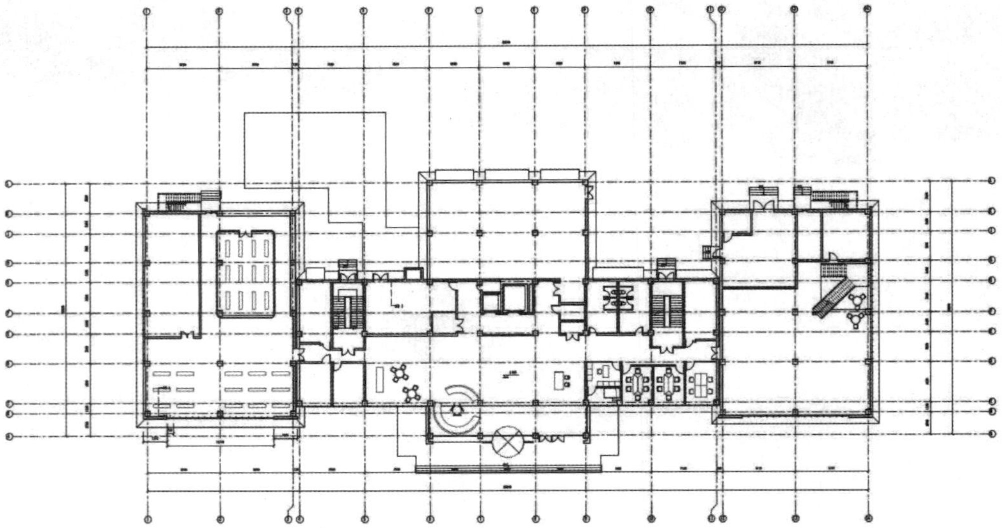

图 3.42 模型导出的一层平面图（图片来源：航天福道 ISEE 智慧大厦项目团队）

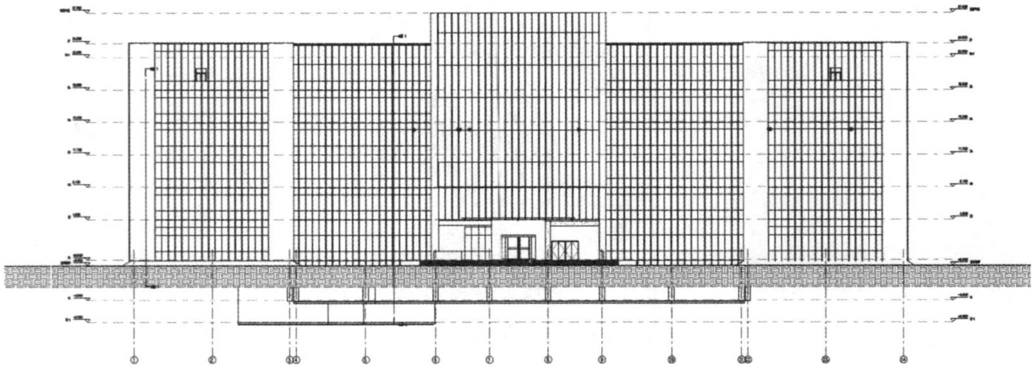

图 3.43 模型导出的南立面图（图片来源：航天福道 ISEE 智慧大厦项目团队）

3.4.4 表现图纸

室内空间表现图的传统方式是在 3ds Max 中建立模型，赋予饰面材质，并进行渲染，需要专业的团队来配合设计师，难以与设计工作同步。利用 BIM 模型，设计师在设计的同时就完成了建模工作。在 Revit 软件中，设计师可以利用熟悉的用户界面来制作简单渲染图，通过调整相机角度，设置精度、输出、场景、灯光、曝光度等渲染参数（图 3.44），进行渲染和图片导出。对于部分大场景的渲染可使用云渲染，在网络云端进行，能够缩短时间，提高渲染效率。基于模型生成的表现图，是对建筑信息模型中真实的照明状况和饰面材质的显现，有利于及时对模型进行调整，优化设计方案，避免了在 3ds Max 中的表现图和实际出现较大反差（图 3.45~ 图 3.47）。

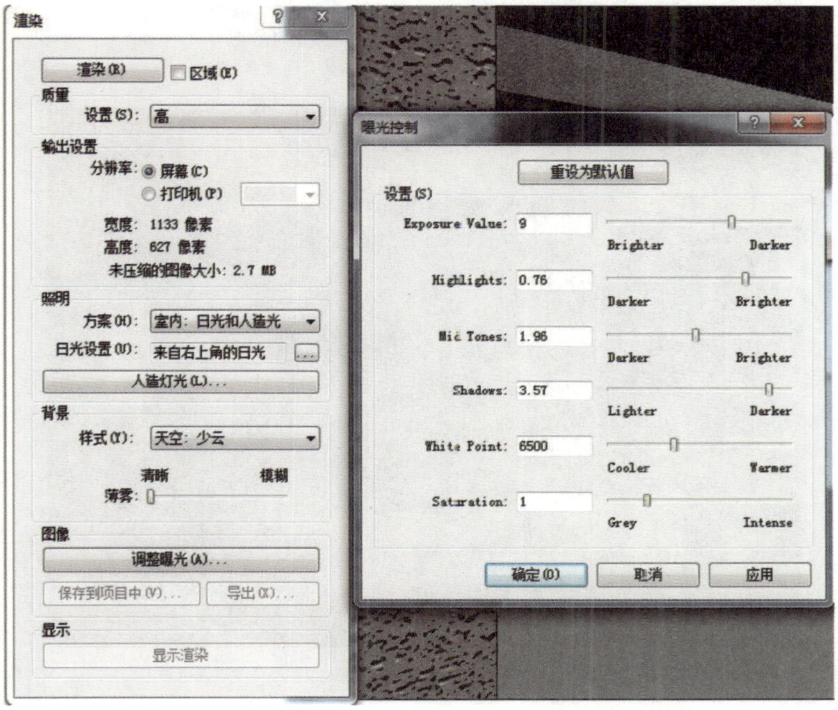

图 3.44 渲染参数设置（图片来源：航天福道 ISEE 智慧大厦项目团队）

图 3.45 剖面透视渲染效果图（图片来源：航道福道 ISEE 智慧大厦项目团队）

图 3.46 入口大厅渲染效果图（图片来源：航天福道 ISEE 智慧大厦项目团队）

图 3.47 二层培训中心渲染效果图（图片来源：航天福道 ISEE 智慧大厦项目团队）

3.4.5 影像动画

三维影像动画也可直接在 Revit 中进行路径、精度、帧数等参数的设置，导出三维动画路径，以人的视角对建筑内部空间进行理性把控，便于设计师体验空间，优化设计方案（图 3.48）。

图 3.48 虚拟漫游路径序列截图（图片来源：航天福道 ISEE 智慧大厦项目团队）

3.4.6 图表数据

建筑信息模型是一个集成的数据库，用来存储和管理其中的所有信息，无论哪种信息的表达方式，建筑信息模型都是其唯一来源，而且在各种表达方式之间使这些信息协调一致。

BIM 模型可直接导出各类功能空间数据图表，比如净建筑面积、总建筑面积、消防分区面积，体积明细表和各类门窗明细表，以及轴网标高等基础性信息（图 3.49）。

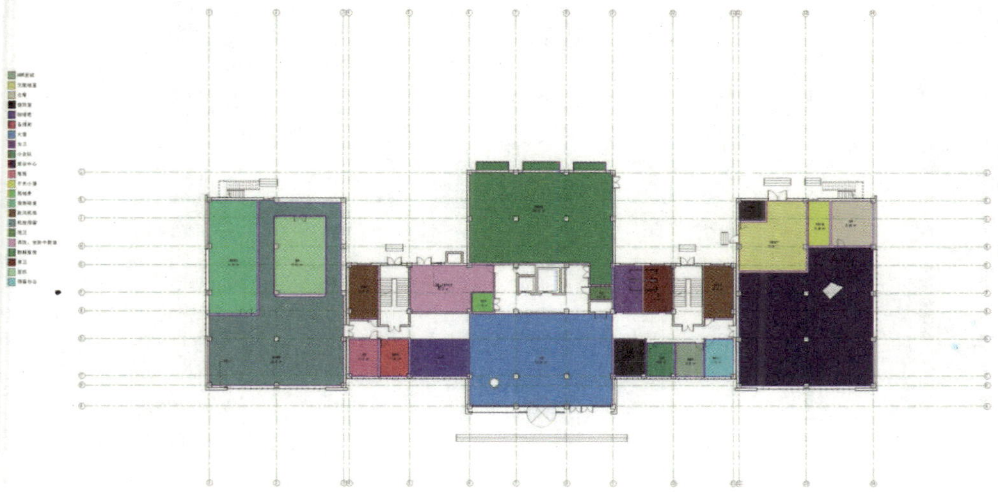

图 3.49 一层功能性分区的面积平面（图片来源：航天福道 ISEE 智慧大厦项目团队）

图表不仅可以统计标高、规格尺寸、面积、族与类型等通用特征，对模型构件赋予信息后，还可针对不同类型的构件，进行分类整理和统计，得出不同种类的明细表，包括墙体、柱子、楼板、天花板以及家具和灯具等构件，例如，室内家具类型、尺寸、数量明细表，灯具的色温、数量、类型明细表。对墙面材质进行提取，可以自动生成乳胶漆、玻璃、木材、麦秸板、壁纸等不同材料的明细表。特殊构件需要添加共享参数，再赋予材质，之后通过提取面层材质，自动生成面层材料明细表（图 3.50）。

建筑信息模型导出的各类构件明细表，可避免人工统计出现的误差，尤其是在统计材料用量上准确性高。

构件信息不仅可以单独表达，也可以与建筑形体结合共同呈现，在虚拟漫游的状态下，不仅可以感受建筑空间的变化，对构件的内在属性也有理性的感知（图 3.51）。

BIM 模型中的各类信息还可用另外一种方式呈现出来，把信息模型转化为性能分析，对设计方案有重要的指导作用。在该项目中，采用的是建筑信息模型软件 Revit 和性能分析软件 Ecotect 相结合的方式，对光环境进行分析。通过全自然采光百分比、采光日照分析、室内照度分析、室内亮度分析等几个主要方面，来评估性能分析对方案设计的影响，对光环境的人工照明布置有很好的指导作用。

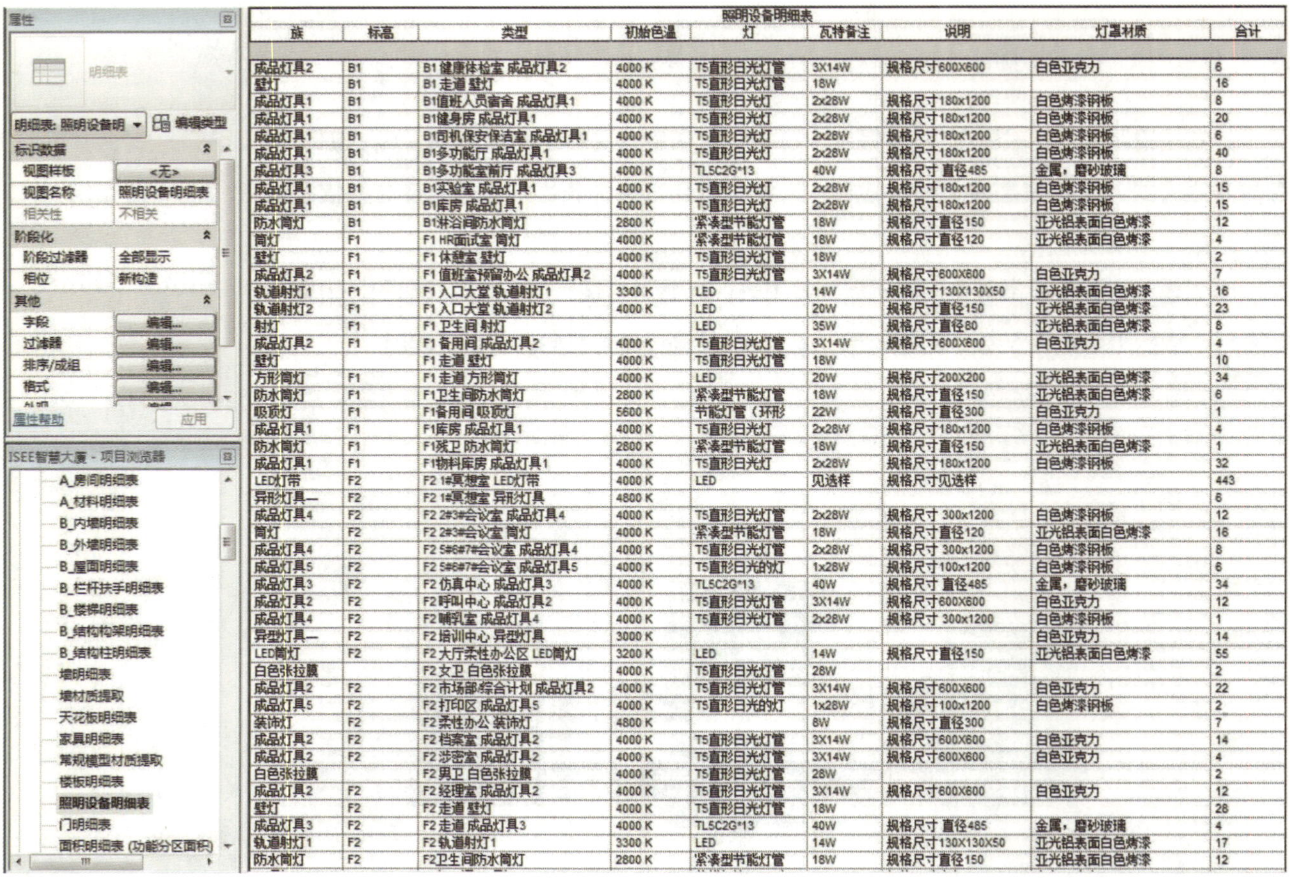

照明设备明细表								
族	标高	类型	初始色温	灯	瓦特备注	说明	灯罩材质	合计
成品灯具2	B1	B1 健康体检室 成品灯具2	4000 K	T5直形日光灯管	3X14W	规格尺寸600X600	白色亚克力	6
壁灯	B1	B1 走道 壁灯	4000 K	T5直形日光灯管	18W			16
成品灯具1	B1	B1值班人员宿舍 成品灯具1	4000 K	T5直形日光灯	2x28W	规格尺寸180x1200	白色烤漆钢板	8
成品灯具1	B1	B1健身房 成品灯具1	4000 K	T5直形日光灯	2x28W	规格尺寸180x1200	白色烤漆钢板	20
成品灯具1	B1	B1司机保安保洁室 成品灯具1	4000 K	T5直形日光灯	2x28W	规格尺寸180x1200	白色烤漆钢板	6
成品灯具1	B1	B1多功能厅 成品灯具1	4000 K	T5直形日光灯	2x28W	规格尺寸180x1200	白色烤漆钢板	40
成品灯具3	B1	B1多功能室前厅 成品灯具3	4000 K	TL5C2G*13	40W	规格尺寸 直径485	金属，磨砂玻璃	8
成品灯具1	B1	B1实验室 成品灯具1	4000 K	T5直形日光灯	2x28W	规格尺寸180x1200	白色烤漆钢板	15
成品灯具1	B1	B1库房 成品灯具1	4000 K	T5直形日光灯	2x28W	规格尺寸180x1200	白色烤漆钢板	15
防水筒灯	B1	B1淋浴间防水筒灯	2800 K	紧凑型节能灯管	18W	规格尺寸直径150	亚光铝表面白色烤漆	12
筒灯	F1	F1 HR面试室 筒灯	4000 K	紧凑型节能灯管	18W	规格尺寸直径120	亚光铝表面白色烤漆	4
壁灯	F1	F1 休憩室 壁灯	4000 K	T5直形日光灯管	18W			2
成品灯具2	F1	F1 值班室预留办公 成品灯具2	4000 K	T5直形日光灯管	3X14W	规格尺寸600X600	白色亚克力	7
轨道射灯1	F1	F1 入口大堂 轨道射灯1	3300 K	LED	14W	规格尺寸130X130X50	亚光铝表面白色烤漆	16
轨道射灯2	F1	F1 入口大堂 轨道射灯2	4000 K	LED	20W	规格尺寸直径150	亚光铝表面白色烤漆	23
射灯	F1	F1 卫生间 射灯		LED	35W	规格尺寸直径80	亚光铝表面白色烤漆	8
成品灯具2	F1	F1 备用间 成品灯具2	4000 K	T5直形日光灯管	3X14W	规格尺寸600X600	白色亚克力	4
壁灯		F1 走道 壁灯	4000 K	T5直形日光灯管	18W			10
方形筒灯	F1	F1 走道 方形筒灯	4000 K	LED	20W	规格尺寸200X200	亚光铝表面白色烤漆	34
防水筒灯	F1	F1卫生间防水筒灯	2800 K	紧凑型节能灯管	18W	规格尺寸直径150	亚光铝表面白色烤漆	6
吸顶灯	F1	F1备用间 吸顶灯	5600 K	节能灯管（环形	22W	规格尺寸直径300	白色亚克力	1
成品灯具1	F1	F1库房 成品灯具1	4000 K	T5直形日光灯	2x28W	规格尺寸180x1200	白色烤漆钢板	4
防水筒灯	F1	F1残卫 防水筒灯	2800 K	紧凑型节能灯管	18W	规格尺寸直径150	亚光铝表面白色烤漆	1
成品灯具1	F1	F1物料库房 成品灯具1	4000 K	T5直形日光灯	2x28W	规格尺寸180x1200	白色烤漆钢板	32
LED灯带	F2	F2 1#冥想室 LED灯带	4000 K	LED	见选样	规格尺寸见选样		443
异形灯具一	F2	F2 1#冥想室 异形灯具	4800 K					6
成品灯具4	F2	F2 2#3#会议室 成品灯具4	4000 K	T5直形日光灯管	2x28W	规格尺寸 300x1200	白色烤漆钢板	12
筒灯	F2	F2 2#3#会议室 筒灯	4000 K	紧凑型节能灯管	18W	规格尺寸直径120	亚光铝表面白色烤漆	16
成品灯具4	F2	F2 5#6#7#会议室 成品灯具4	4000 K	T5直形日光灯管	2x28W	规格尺寸 300x1200	白色烤漆钢板	8
成品灯具5	F2	F2 5#6#7#会议室 成品灯具5	4000 K	T5直形日光的灯	1x28W	规格尺寸100x1200	白色烤漆钢板	6
成品灯具3	F2	F2 仿真中心 成品灯具3	4000 K	TL5C2G*13	40W	规格尺寸 直径485	金属，磨砂玻璃	34
成品灯具2	F2	F2 呼叫中心 成品灯具2	4000 K	T5直形日光灯管	3X14W	规格尺寸600X600	白色亚克力	12
成品灯具4	F2	F2 哺乳室 成品灯具4	4000 K	T5直形日光灯管	2x28W	规格尺寸 300x1200	白色烤漆钢板	1
异型灯具一	F2	F2 培训中心 异型灯具	3000 K				白色亚克力	14
LED筒灯	F2	F2 大厅柔性办公区 LED筒灯	3200 K	LED	14W	规格尺寸直径150	亚光铝表面白色烤漆	55
白色张拉膜		F2 女卫 白色张拉膜	4000 K	T5直形日光灯管	28W			2
成品灯具2	F2	F2 市场部综合计划 成品灯具2	4000 K	T5直形日光灯管	3X14W	规格尺寸600X600	白色亚克力	22
成品灯具5	F2	F2 打印区 成品灯具5	4000 K	T5直形日光的灯	1x28W	规格尺寸100x1200	白色烤漆钢板	2
装饰灯	F2	F2 柔性办公 装饰灯	4800 K		8W	规格尺寸直径300		7
成品灯具2	F2	F2 档案室 成品灯具2	4000 K	T5直形日光灯管	3X14W	规格尺寸600X600	白色亚克力	14
成品灯具2	F2	F2 涉密室 成品灯具2	4000 K	T5直形日光灯管	3X14W	规格尺寸600X600	白色亚克力	4
白色张拉膜		F2 男卫 白色张拉膜	4000 K	T5直形日光灯管	28W			2
成品灯具2	F2	F2 经理室 成品灯具2	4000 K	T5直形日光灯管	3X14W	规格尺寸600X600	白色亚克力	12
壁灯	F2	F2 走道 壁灯	4000 K	T5直形日光灯管	18W			28
成品灯具3	F2	F2 走道 成品灯具3	4000 K	TL5C2G*13	40W	规格尺寸 直径485	金属，磨砂玻璃	4
轨道射灯1	F2	F2 轨道射灯1	3300 K	LED	14W	规格尺寸130X130X50	亚光铝表面白色烤漆	17
防水筒灯	F2	F2卫生间防水筒灯	2800 K	紧凑型节能灯管	18W	规格尺寸直径150	亚光铝表面白色烤漆	12

图 3.50 家具信息统计明细表（图片来源：航天福道 ISEE 智慧大厦项目团队）

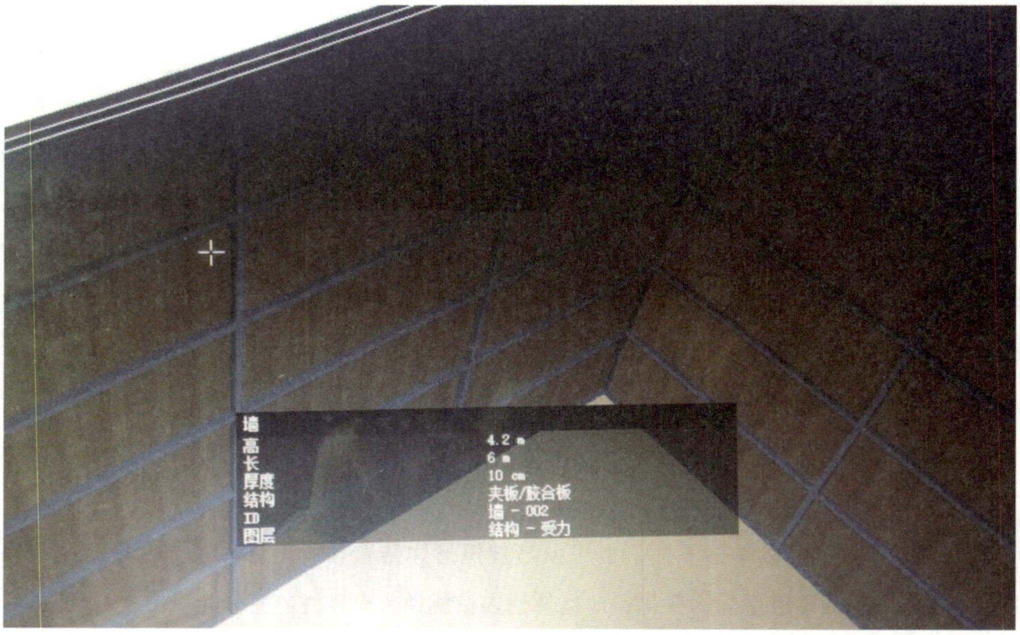

图 3.51 龙骨属性数据信息表达（图片来源：航天福道 ISEE 智慧大厦项目团队）

该项目为改造项目，建筑的南立面将原有的普通实体墙采光窗口改造为三块整体式玻璃幕墙，提高建筑内部的天然光进光量，改造后室内的天然采光百分比与改造前相比有明显的提高。虽然改造前开敞办公区域基本满足《建筑采光设计标准》(GB 5033—2013)，但是照度分布并不均匀，采光也没有得到充分的利用，南立面改造后室内采光照度有明显提升。根据天然采光的数据分析，可对室内光环境有依据性的评判，并可对人工照明的分区布置方式和灯具位置进行优化设计，节约能源。

全自然采光百分比是全年工作时间中单独依靠自然采光就能达到最小照度要求的时间百分比，它考虑了不同建筑朝向、使用时间及全年中的各种实际天气情况的影响，是一个全面和系统地评价全年有效自然采光的综合指标。项目中的原始室内空间受开窗的影响全自然采光百分比仅在窗洞口附近，将南侧外立面局部改为玻璃幕墙后，全自然采光百分比有显著提升（图 3.52）。

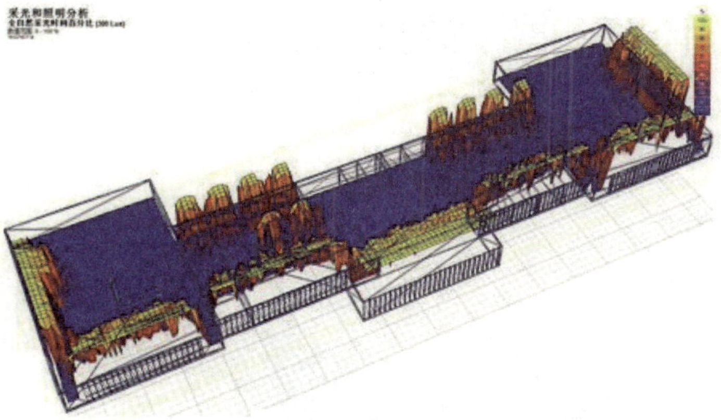

规划前（原始空间）

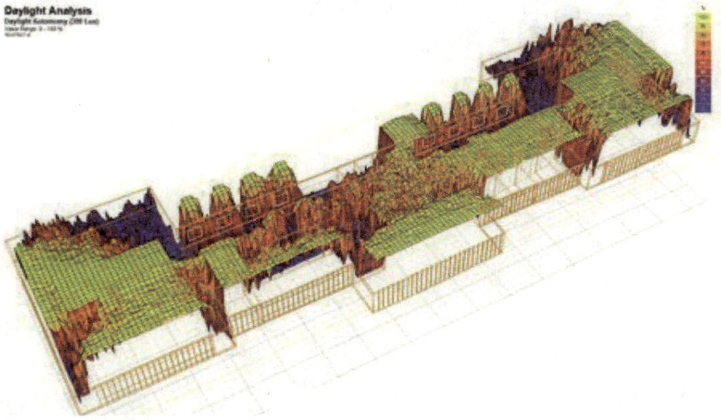

规划后（设计后）

图 3.52 室内空间规划前后全自然采光百分比的对比分析（图片来源：航天福道 ISEE 智慧大厦项目团队）

改造前三层开放办公室空间 80.9% 的空间满足《建筑采光设计标准》（GB 5033—2013），但空间内照度分布并不均匀，规划后的空间，采光日照的照度均匀度有所提升（图 3.53）。

建筑室内空间以开敞办公区为主，仅自然光不能满足日常采光需求，需要在自然光的基础上，添加人工照明，并依据自然光分析结果，排布灯具的位置，选取合适的照度（图 3.54）。

对室内设计而言，人的空间感受比较强烈，设计出舒适宜于工作的办公空间是非常重要的。在 Ecotect 中对室内照度和亮度进行数据研究，用理性的分析方式充分利用天然光，不仅能满足人的正常活动光线需要，还能最大限度地减少能耗，实现可持续发展设计（图 3.55）。

该项目只完成了光环境的性能分析优化设计，对其他物理环境，比如热工性能、风环境和声环境等方面还有待于进一步的研究。

航天福道 ISEE 智慧大厦项目的 BIM 模型是包括了建筑、室内、设备等专业的综合模型，由于出图标准、模型深度等方面的问题，导出的图形仍然需要进一步完善。

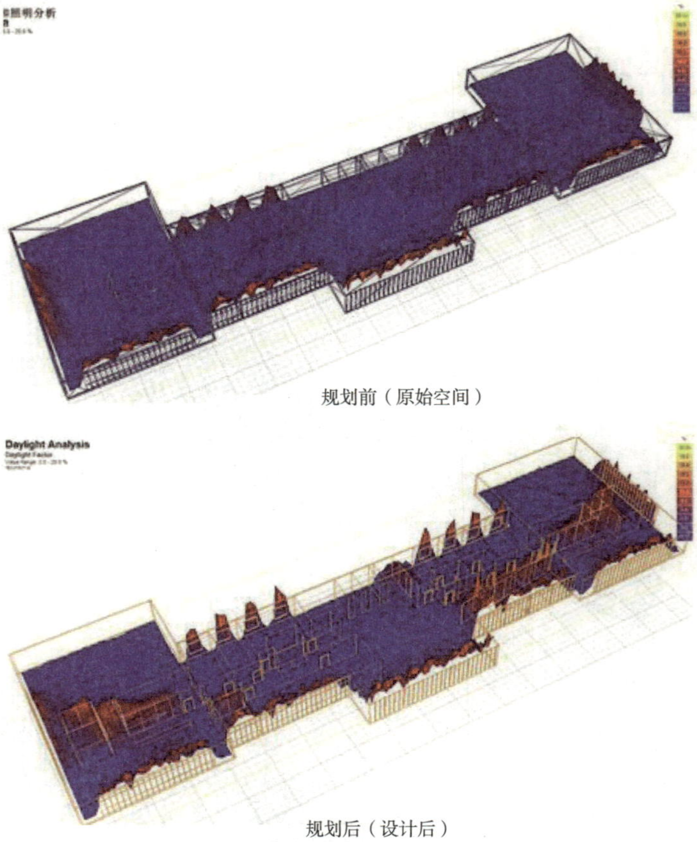

图 3.53 室内空间规划前后采光日照对比分析（图片来源：航天福道 ISEE 智慧大厦项目团队）

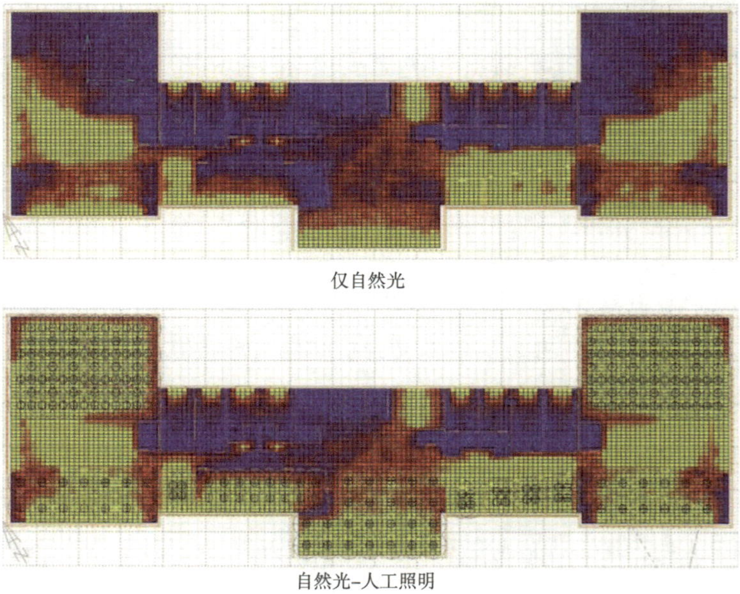

图 3.54 室内空间人工照明规划分析（图片来源：航天福道 ISEE 智慧大厦项目团队）

12月21日14点室内照度轮廓线视图

12月21日14点室内照度等高线带视图

12月21日14点室内亮度视图

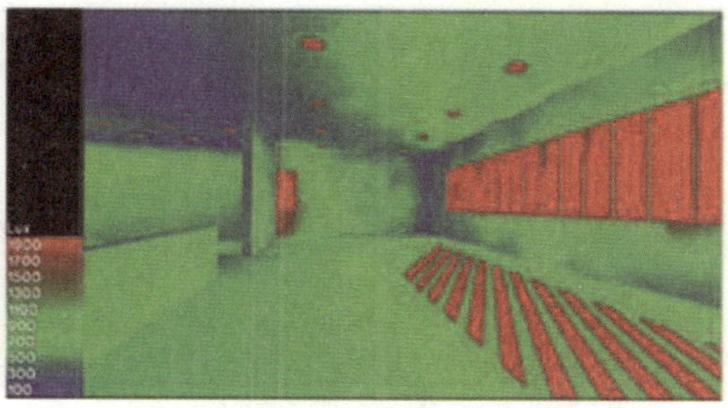

12月21日14点亮度伪彩色视图

图 3.55 室内空间照度和亮度分析（图片来源：航天福道 ISEE 智慧大厦项目团队）

第4章

BIM技术室内应用标准（企业级）

企业级室内设计的 BIM 标准，是制定企业 BIM 技术的整体应用准则，是针对质量管理体系和设计任务的有效控制。其内容包括：整体资源配置、行为标准、交付标准。北京筑邦建筑装饰工程有限公司采用 Revit 等相关软件进行 BIM 技术室内应用方面的研究。

4.1 资源标准

企业 BIM 资源包含模型资源、材质库资源、项目样板及共享参数等内容。企业应对这些资源进行设定及管理。

4.1.1 模型（族库）资源标准

4.1.1.1 模型（族库）资源分类

根据《设计企业 BIM 实施标准指南》所述，企业 BIM 模型资源一般是指企业在 BIM 实施过程中开发、积累并经过加工处理，形成可重复利用的 BIM 模型及其构件的总称。对于室内设计专业来说，基于 Revit 的模型资源包括 Revit 软件自带族库及常用的饰面族库、地面铺装族库、天花板族库、家具族库、常规模型族库等。

1. Revit 自带族库

Revit 系统族包括基于建筑专业开发的墙、柱、天花板、地板等族，这些族类型能满足基本建筑模型的构建。Revit 2015 自带族库类型丰富，使用时可自行载入。在 Revit 界面中使用“插入”→“载入族”工具以载入需要的族文件（图 4.1），默认打开 Revit 安装位置：X:\ProgramData\Autodesk\RVT 2015\Libraries\China。

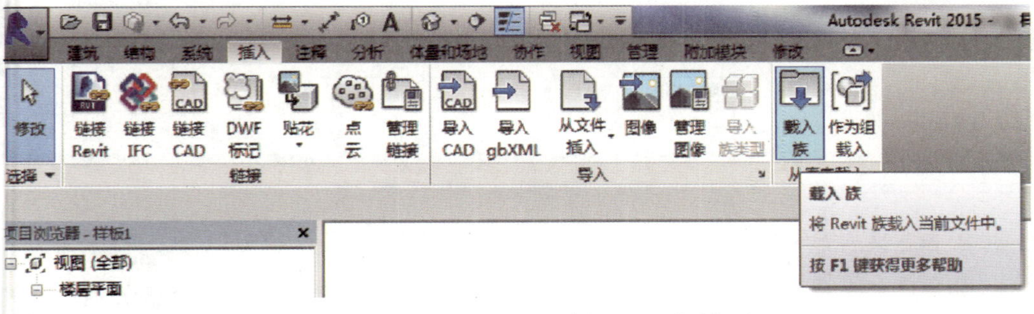

图 4.1 “载入族”工具使用界面（图片来源：Revit 软件截图）

如图 4.2，Revit 自带族库包括标题栏、动力、机电、建筑、结构、轮廓、人防设施、详图项目、消防、样例、注释等 11 大类。其中标题栏、建筑、轮廓中的三维族类型可直接用于项目（或通过改变样式参数用于项目）；详图项目、注释中的二维族类型可用于完善图纸二维表达（或通过改变样式参数用于项目）。建筑文件夹中的族类型最为丰富，室内设计专业应用较多（图 4.3）。

图 4.2 Revit 2015 自带族库类型

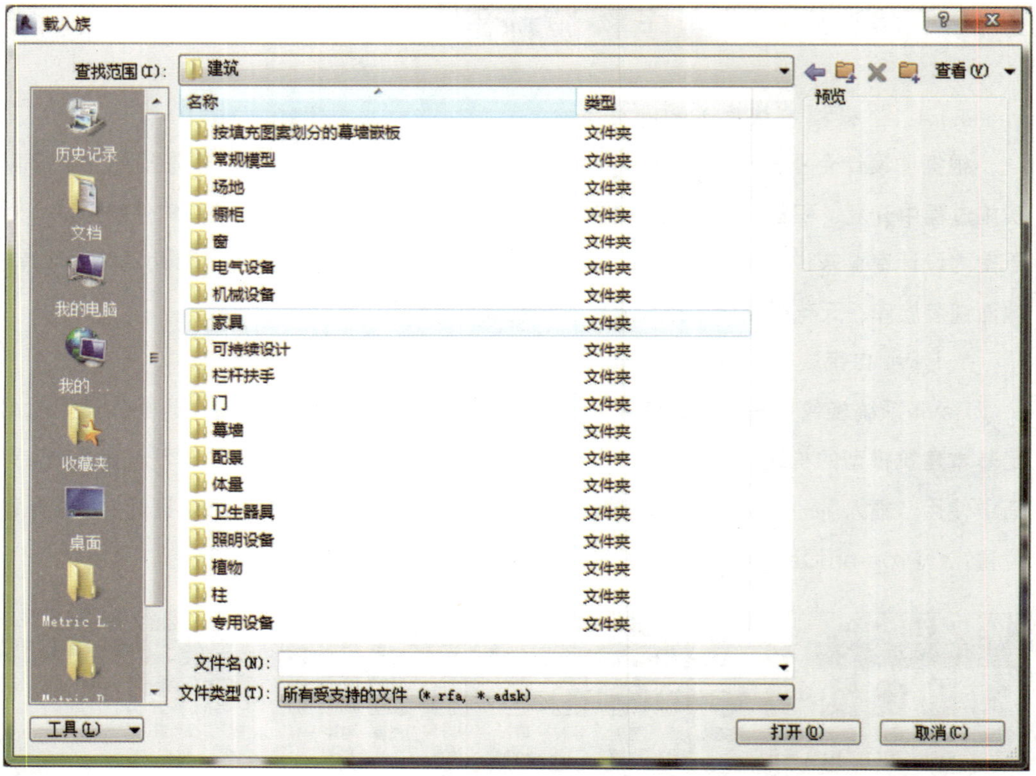

图 4.3 Revit 2015 自带族库建筑文件夹族类型

2. 自定义族库

如果现有族库文件不能满足项目需要，如异形装饰板、家具等，需在相应族样板文件基础上新建。

使用“新建”→“载入族”工具，根据不同的族样板创建族文件（图 4.4）。

Revit 提供的族样板有标题栏、方案体量、注释、常规模型、门、窗、家具等（图 4.5）。自制族尽可能在相应族样板基础上绘制，便于后期组织分类。

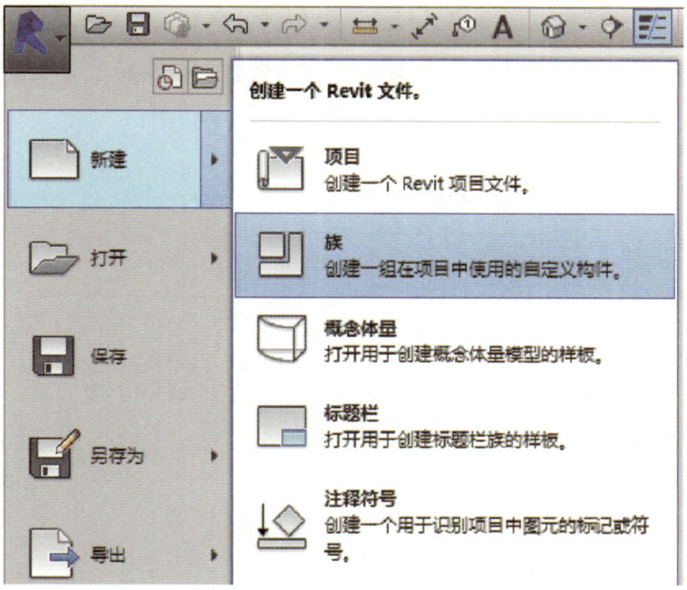

图 4.4　新建族文件界面

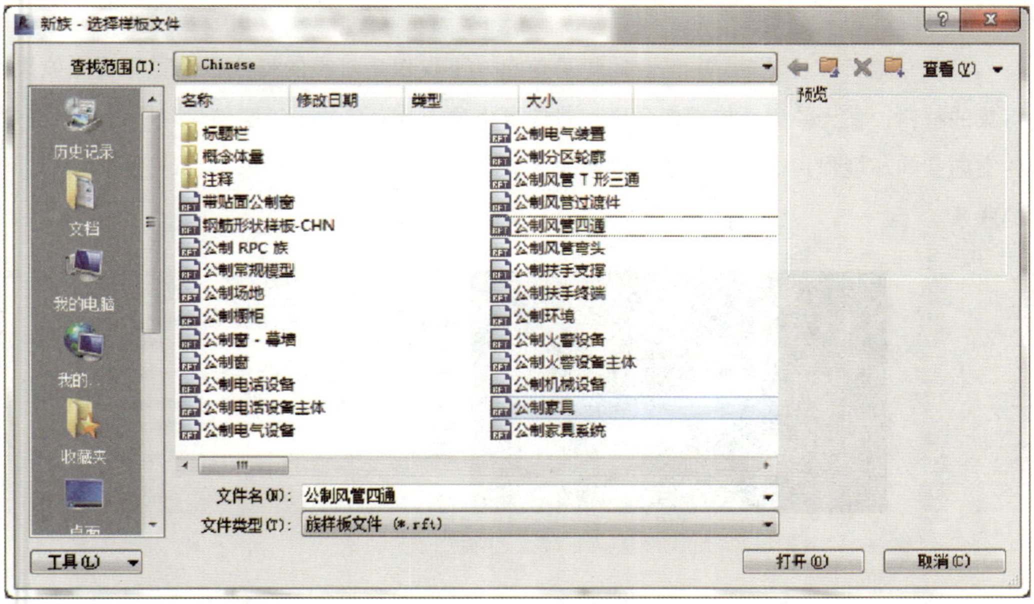

图 4.5　Revit 2015 自带族样板类型

4.1.1.2　自制族库资源分类及命名

室内设计专业的不同项目之间差异性较大，在利用 Revit 建模的过程中需要构建众多的自制族文件，虽然此类族文件重复利用率不高，但是对自制族文件的积累整理工作会在长期的工作中逐渐发挥作用。

参考国内外 BIM 标准，BIM 模型在设计阶段分为方案（粗略）模型及深化模型，建议室内专业企业族库也可分为方案模型库及深化模型库。方案模型库中的族文件用于在方案设计阶段表达大面积造型关系，因此，此类族文件可省略细节，如门族中包含的五金、家具族中复杂的曲面模型等。深化模型库中的族文件用于在深化阶段确定细节造型，如饰面材质分缝、家具灯具详细设计等。

室内专业常用模型可分为墙饰面模型（分缝 / 不分缝）、地面铺装模型（分缝 / 不分缝）、天花模型（分缝 / 不分缝）、家具模型、常规模型等类型。每个大类中构建常用的几个族文件即可，如常用石材地面铺装、木饰面墙面装饰、矿棉板天花等。

室内设计专业是对建筑环境的再创造，具体涉及各种装饰材料、家具配饰，因此族文件命名应参考室内设计通用装饰材料命名，结合企业自身标准，制定企业族库命名（图 4.6）。

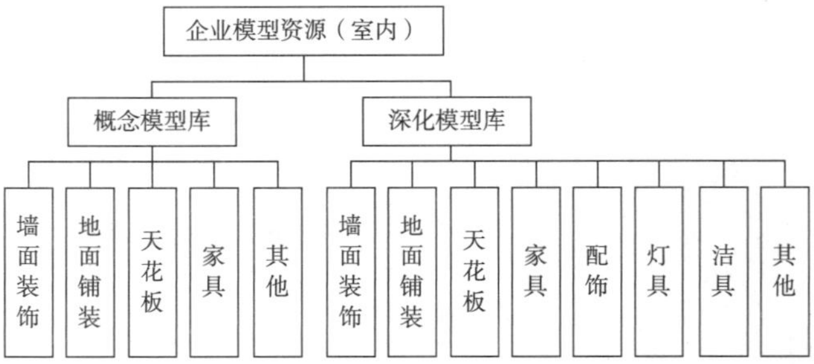

图 4.6　企业模型资源框架

1. 灯具信息库

在室内设计过程中，对于灯具的设计与选择，室内设计师主要还是选择市场上现有的灯具样式和类型，而灯具的设计主要是相应的灯具产品设计师来完成的，灯具信息库的建立对于室内设计来说重要性十分明显。

灯具信息库（图 4.7）中包含的灯具信息，不仅仅是灯具的样式、色彩等视觉效果，灯具的材料、发光效果、使用寿命等一些信息也是十分必要的，这些信息对于设计出舒适的室内空间环境作用很大。通过建立起来的灯具信息库，也直接沟通了设计师和厂商之间的联系。

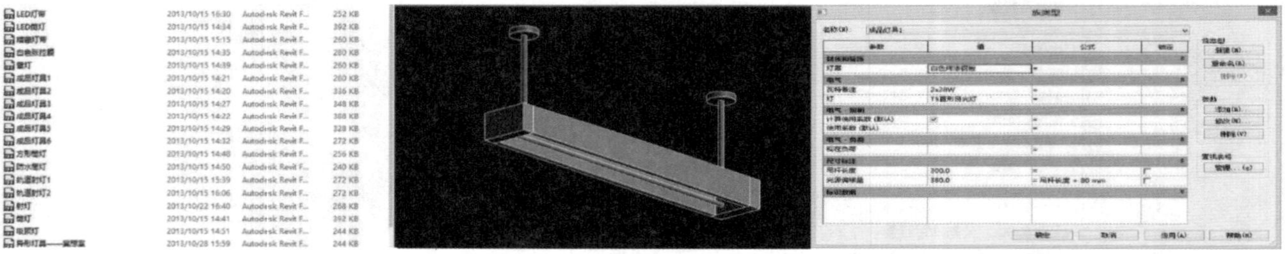

图 4.7　灯具信息库（左）、灯具模型（中）以及灯具信息（右）

2. 家具信息库

室内设计的过程不仅仅是装饰材料的选择，家具的选择也是室内设计过程的一个环节。对于办公类的室内空间设计来说，家具信息库的作用不是十分明显，但是对于住宅等一些私人化的室内空间设计来说，家具信息库建立和使用的意义是十分明显的。

家具信息资源库（图 4.8）的内容，一部分来源于家具设计师，一部分来源于室内设计师。

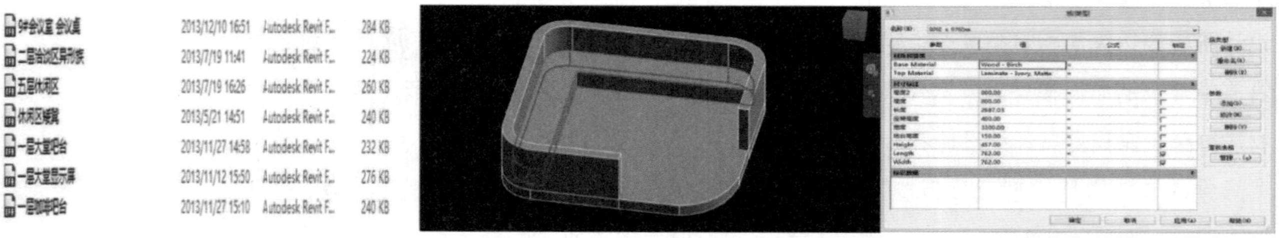

图 4.8　家具库（左）、家具（中）以及家具信息（右）

3. 门窗信息库

门窗信息库（图 4.9）有助于设计师选择门窗的样式。门窗信息库的内容，来源之一是门窗设计师或者生产厂商，来源之二是室内设计师对于设计的需求。门窗信息库是双向的，既是厂商提供自己产品的资源库，同时也是设计师将自己的想法传达给厂商的平台。

图 4.9 门窗信息库（左）、门模型（中）以及相应的信息（右）

4. 构件资源信息库

对于室内设计来说，有些建筑构件是标准化的，对于这些构件建立起标准的资源信息库（图 4.10），有助于设计师的调取使用。

图 4.10 构件资源库

信息模型的各种资源库并不是孤立存在的，它们共同构成了室内信息模型的资源，是一种十分有效的联系室内设计师和相应的产品设计师的方法。

在这些资源的基础上，室内设计师所要做的是根据相应的设计任务规划好空间布局，从艺术和技术的角度来选择相应的构件，像搭积木一样将各部分有机地组合起来。同时满足室内设计个性化的设计要求。

4.1.1.3 模型资源管理

模型资源积累是一个长期持续的过程，需要建立一定的管理机制，相应的人员对资源进行管理。

1. 专人负责

企业须配备模型资源管理人员，可以由设计人员兼任。企业 BIM 项目完成后，管理人员对完成项目中的族进行审查，将可纳入企业模型资源的内容经过完善，纳入资源库。

2. 共享空间

可在企业共享空间开辟 BIM 资源模块，放置模型资源、企业 BIM 标准等内容。模型资源仅对管理人员开设修改权限，保证模型资源的规范性。

3. 更新维护

模型资源管理人员负责录入族文件。族入库前需要载入到项目中检验其二维表达、三维模型及参数设置是否正确，在检查无误以后方能由族管理人员上传入库。此外为保证模型资源不因意外丢失，需定期备份。

4. 入库标准

一些三维族在建立以后载入到项目中时，为了配合二维平面出图，需要对族平面、立面、剖面进行二维表达（平面表达），以满足国家规范的图例及出图标准，例如：门的平面表达图、门的立面表达图、门的剖面表达图（图 4.11）。族的二维表达还必须在族尺寸参数发生改变时也随之发生改变，且不改变表达形式。

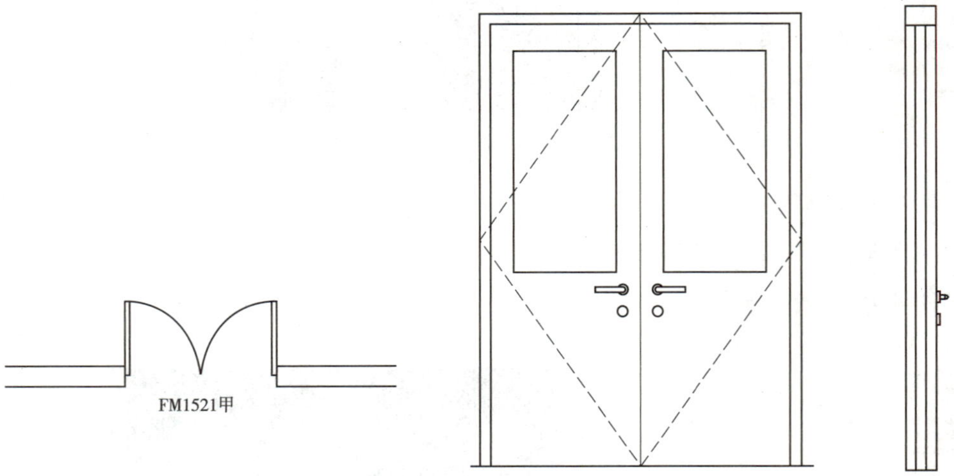

图 4.11　Revit 中门的平面、立面、剖面表达

要做出与实际想表达的形状相同的三维模型并在三维空间可见，模型尺寸要与尺寸参数相关联，在尺寸参数与材质发生改变时模型尺寸也随之改变（图 4.12）。根据族的特点设置必要的尺寸、材质等参数。尺寸参数要与族模型、二维表达关联，参数方式改变时能随之发生改变。

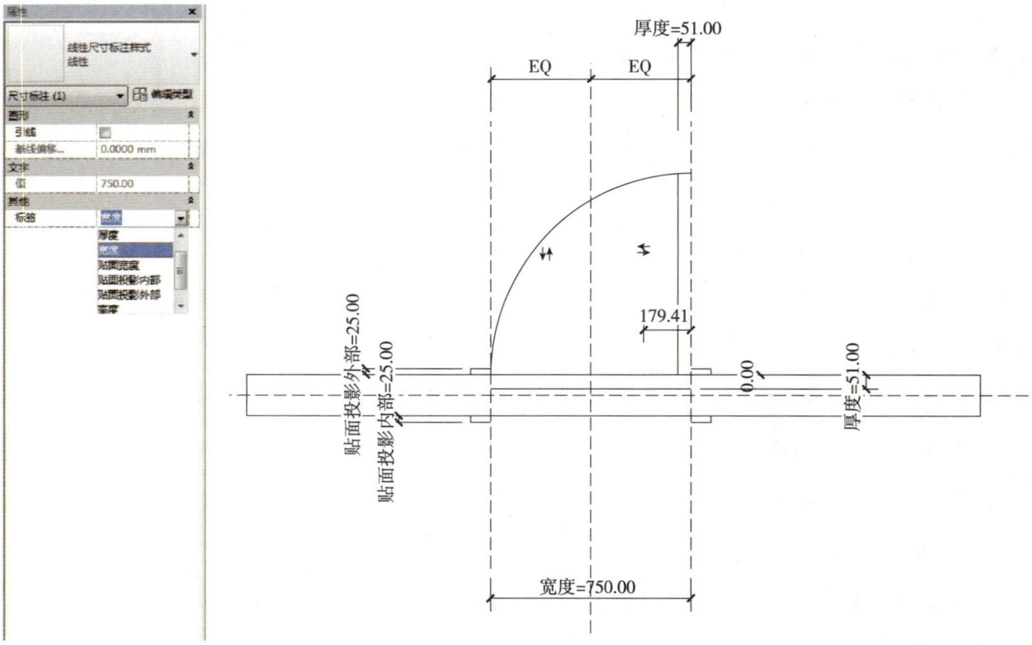

图 4.12　在族文件中添加尺寸参数

4.1.2　材质库资源标准

材料资源库是室内信息模型中非常重要的资源库。材料资源库的建立，有助于设计师

方便快速地获取各种材料的信息，能有效地对设计方案进行决策。在绿色建筑得到重视的今天，材料库中的信息不仅包括样式和色彩等视觉的信息，还应该包括材料中各种物质的含有量、有效寿命等非视觉的但是对于人体健康十分重要的信息。

材料库不能仅靠设计师建立，需要各种材料厂商以及相应的监管部门的有效的合作。材料厂商是材料信息库的主要建立者，他们将自己的材料放到信息库中，使设计师对于各种材料的性能一目了然，有助于设计材料的选择和设计决策。

使用“管理”→“材质”工具，对材质及材质库进行管理及应用（图 4.13）。

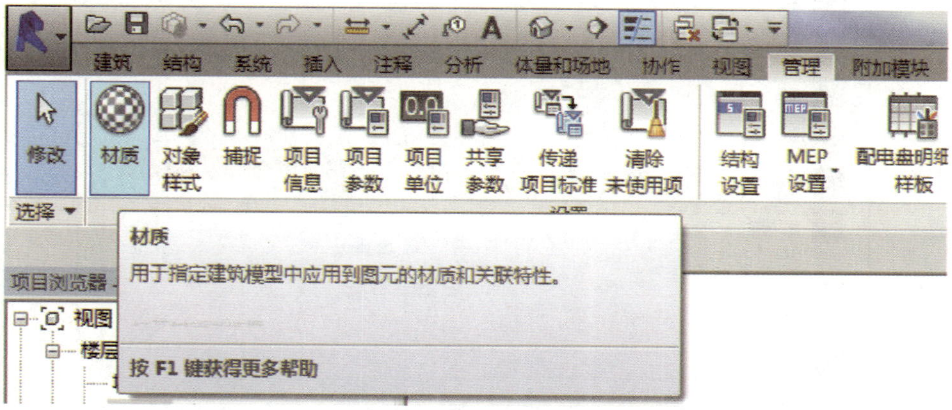

图 4.13 材质编辑工具栏调用

Revit 默认材质库包括 Autodesk 材质库及 AEC 材质库，其中分别包含玻璃、瓷砖等十几个材质分类（图 4.14）。

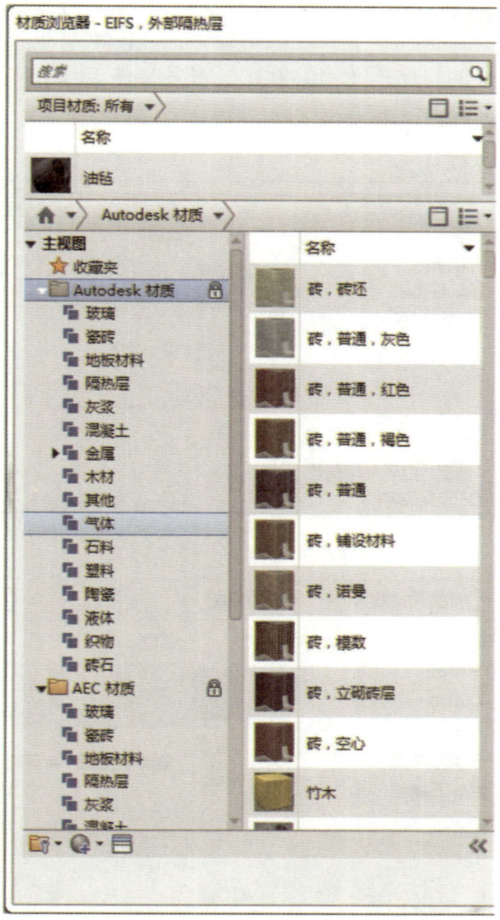

图 4.14 Revit 自带材质库

单个材质参数包括标识、图形、外观、物理性能等属性，室内设计专业主要通过图形、外观属性控制构件的可视化显示（图 4.15）。

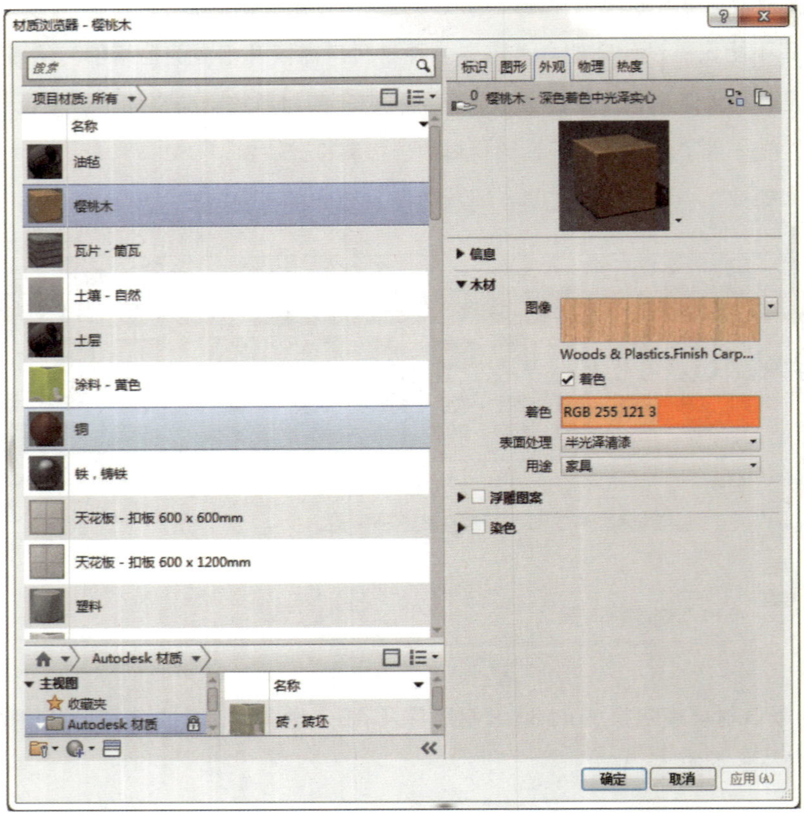

图 4.15 Revit 材质属性

企业可建立企业自身的材质库（.adsklib 后缀名文件）（图 4.16），将常用材质添加到企业材质库中，方便在项目中随时调用（图 4.17）。

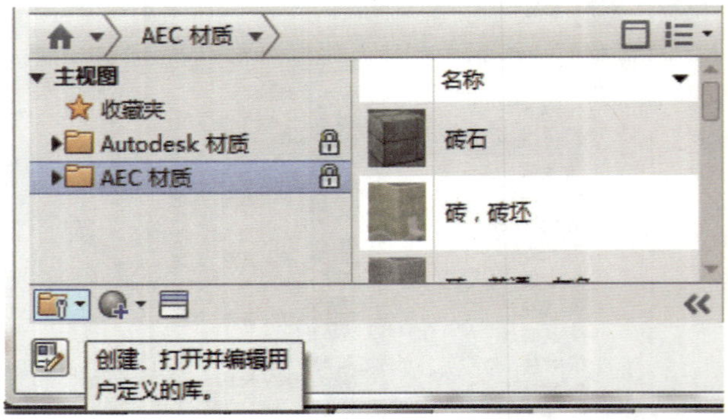

图 4.16 新建材质库文件夹

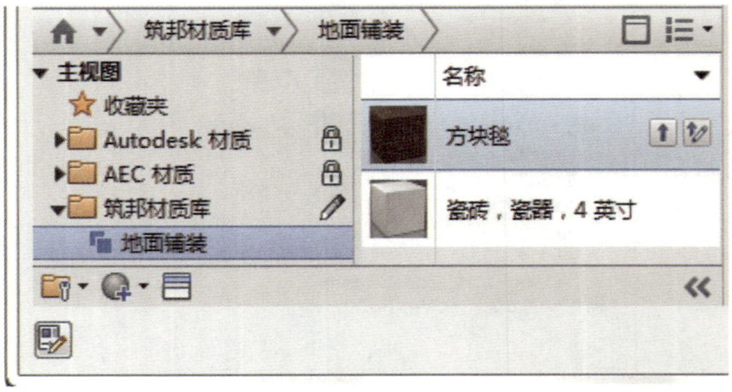

图 4.17 新建材质库类别及材质

4.1.3 项目样板创建及使用

企业需要创建自己的项目样板，为新项目提供开始的环境和标准。将常用的族文件、视图形式、图纸格式传递到新项目中，既能保证项目文件及出图文件的规范性，又能使设计师提高工作效率。

项目样板文件中包含视图样板设置、浏览器组织、过滤器设置、对象样式、线样式、常用族载入等内容。表 4.1 是项目样板中包含内容的简要说明。

表 4.1　　项目样板内容

项目样板内容	说　明
视图样板设置	对视图中的比例、详细程度、可见性、视图范围等进行设置
浏览器组织	通过设置视图、明细表的属性完成对浏览器的有序组织
过滤器设置	对项目中的图元进行分类，便于不同种类图元的可见性设置
对象样式设置	对图元的线宽、线颜色、线型图案、材质等进行设置，以符合出图需求
线样式设置	设置不同的线样式用于不同的图元
常用族载入	包括图纸标题栏、模型图元及注释图元等

4.1.3.1 视图样板设置

通过视图样板的设置为项目中所用的不同视图类型创建视图样板，快速指定视图的可见性设置，确保项目中视图的一致性。

在设置视图样板之前，先介绍一下关于视图样板几个常用参数的设置。

1. 线宽设置

设置方法：“管理”→“其他设置”→“线宽”，如图 4.18 所示。

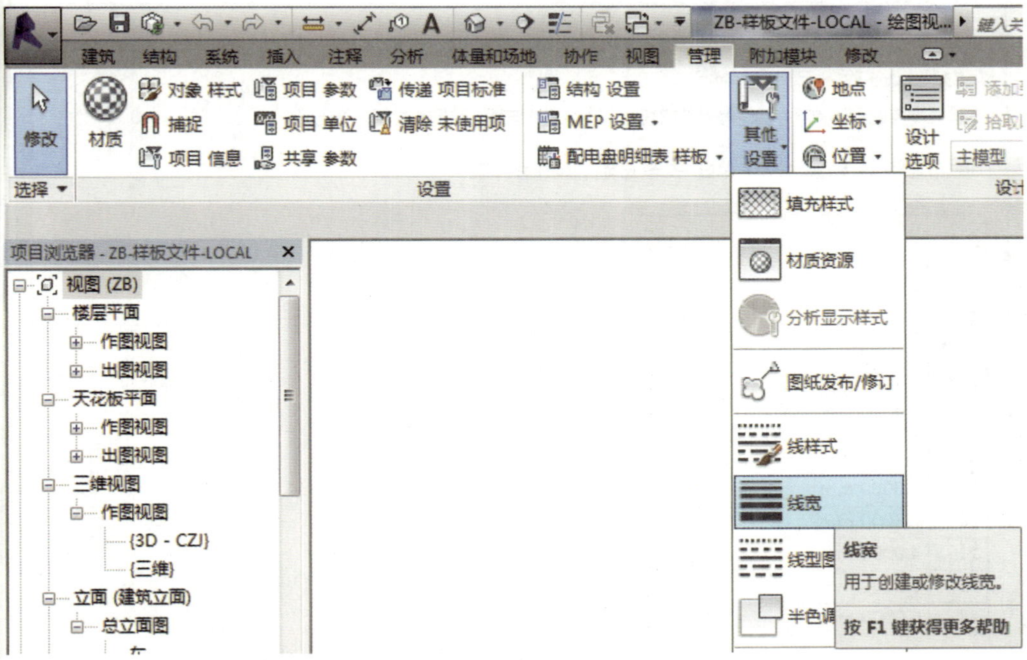

图 4.18　线宽命令调用

（1）模型线宽。

“模型线宽”命令控制墙与窗等具体对象的线宽，对话框如图 4.19 所示。

通过“添加”命令可添加创建新比例。

（2）注释线宽。

控制剖面和尺寸标注等注释下对象的宽度。“注释线宽”对话框如图 4.20 所示。注释的线宽与比例无关。

图 4.19 “模型线宽”对话框

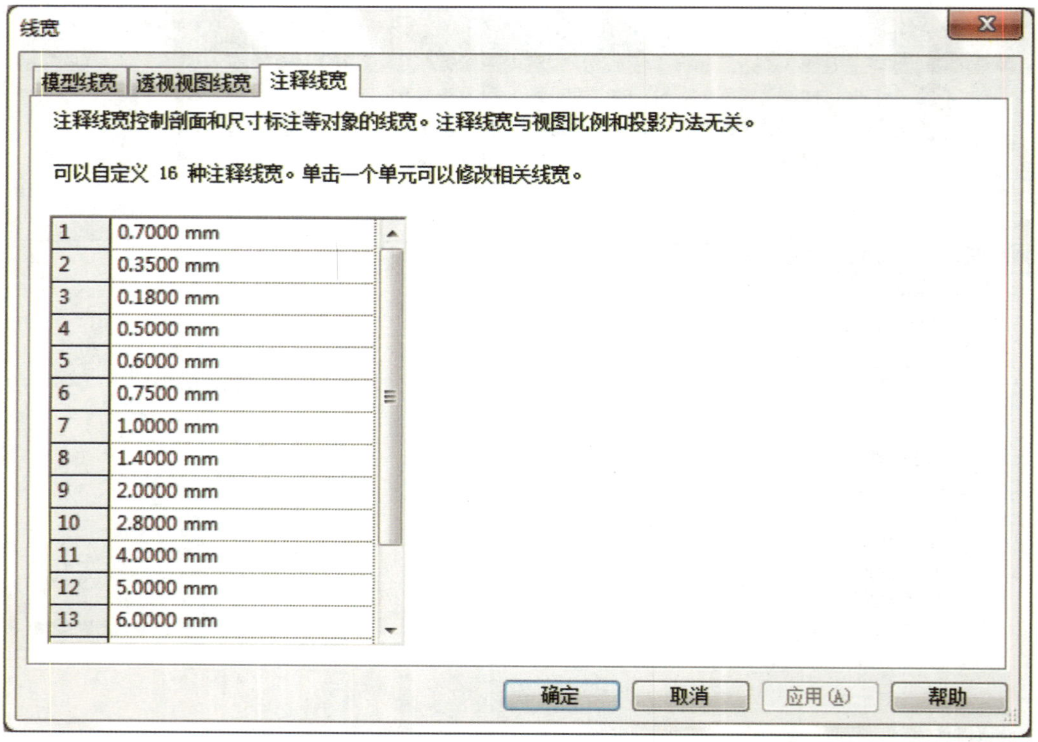

图 4.20 “注释线宽”对话框

（3）透视视图线宽。

“透视线宽”命令控制透视视图中模型对象线的显示宽度，对话框如图 4.21 所示。

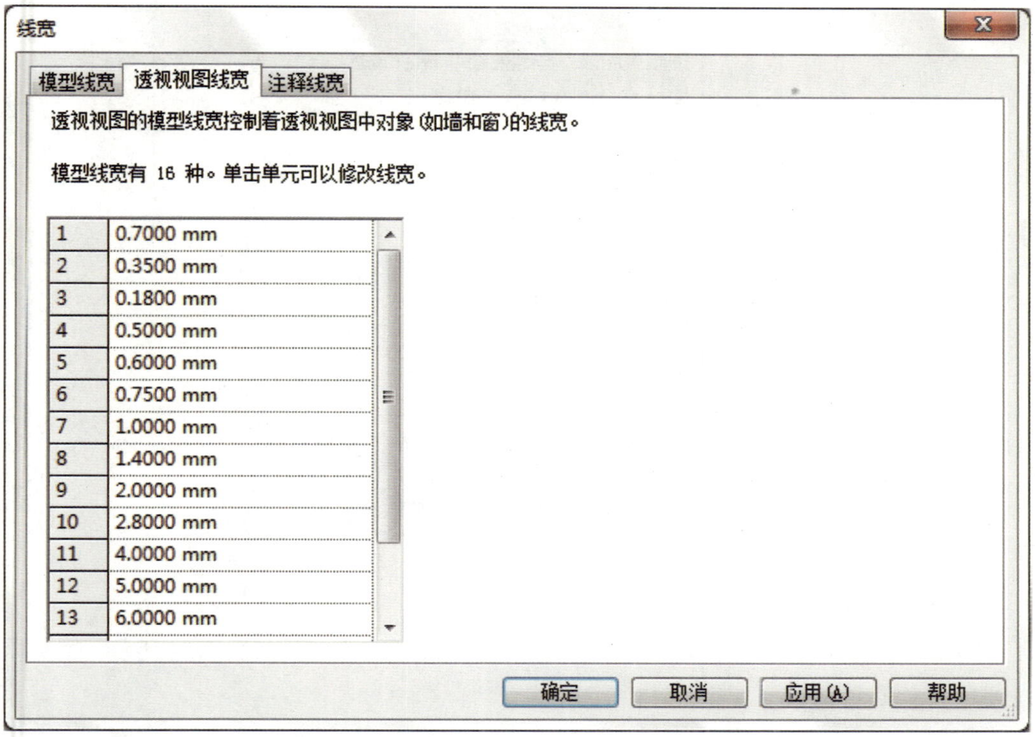

图 4.21　模型线宽对话框

2. 线型图案设置

设置方法：“管理”→“其他设置”→“线型图案”。命令调用如图 4.22 所示。

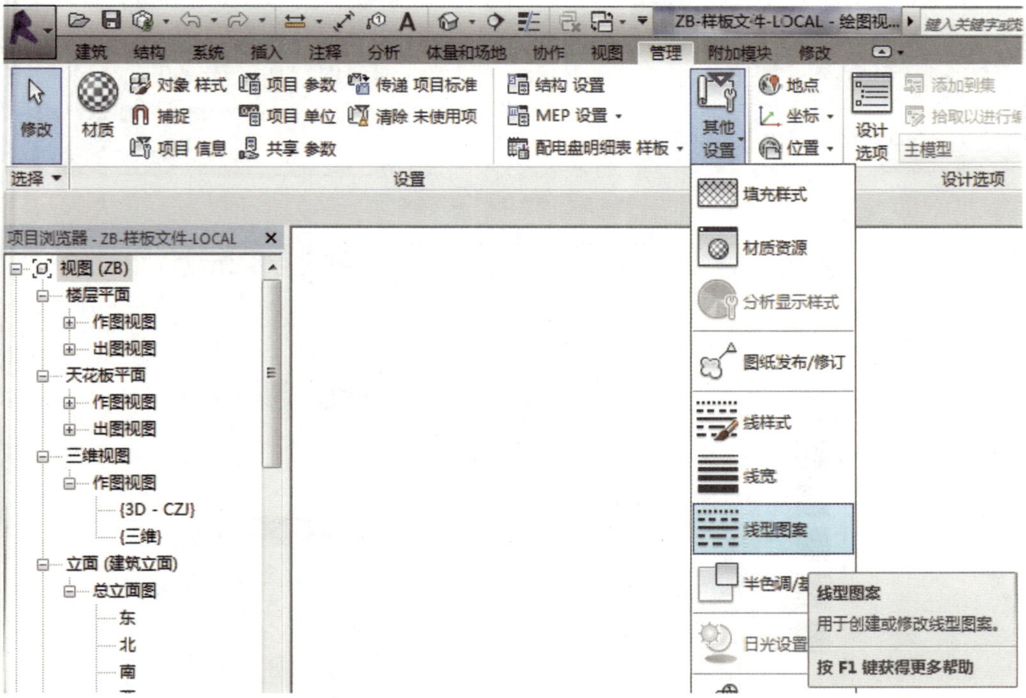

图 4.22　线型图案命令调用

（1）外部导入不规范族或构件会增添线型图案，需注意清理。

（2）新建线型图案时，需定义划线点和空格的次序和长度。

（3）通过大、中、小命名创建不同比例下的线型。

自定义线型图案设置如图 4.23 所示。

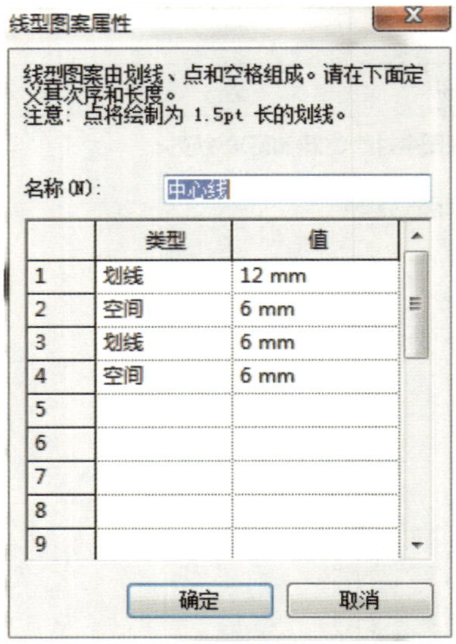

图 4.23 自定义线型图案设置

3. 填充图案设置

设置方法：“管理”→“其他设置”→“填充样式”。命令调用如图 4.24 所示，填充样式类型如图 4.25 所示。

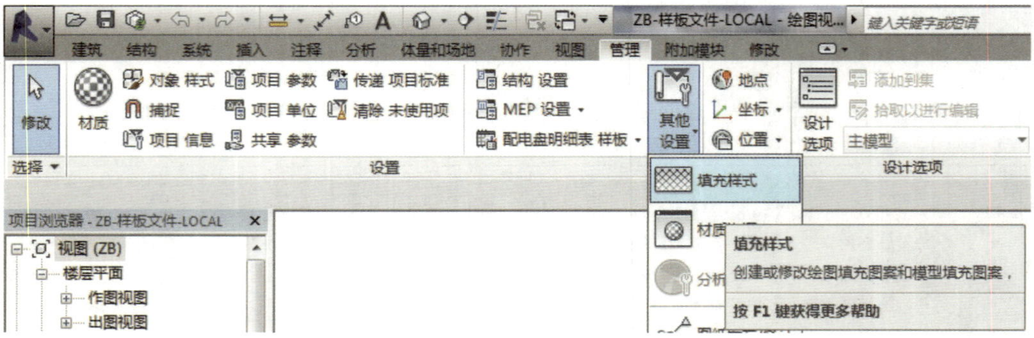

图 4.24 “填充样式”命令调用

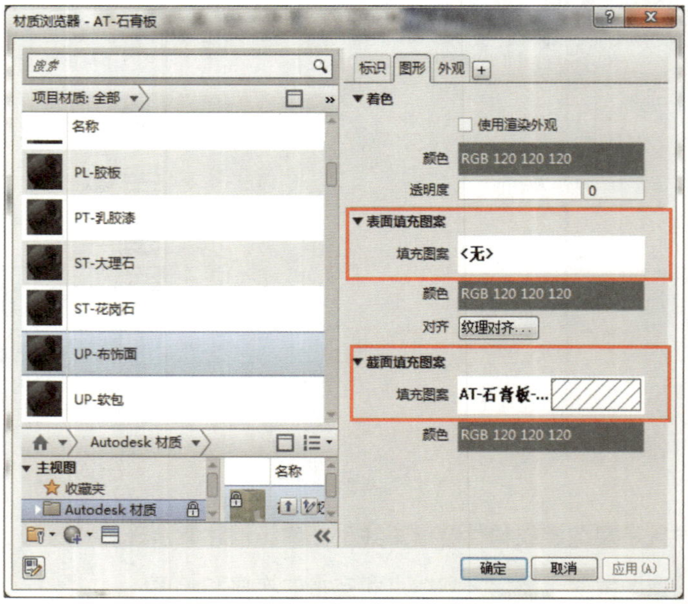

图 4.25 填充样式类型

（1）填充图案分类为：

1）填充：用于其他填充用。

2）表面：用于材质表面填充。

3）截面：用于材质截面填充。

（2）填充图案导入比例一般为 0.05。自定义填充样式类型如图 4.26 所示。

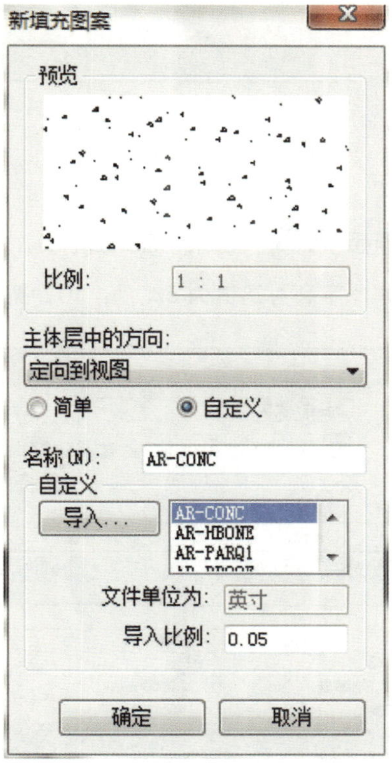

图 4.26 自定义填充样式类型

（3）填充图案类型（图 4.27）分为：

1）绘图：填充图案为二维注释线。

2）模型：填充图案为三维模型线（多数情况仅应用注释填充图案）。

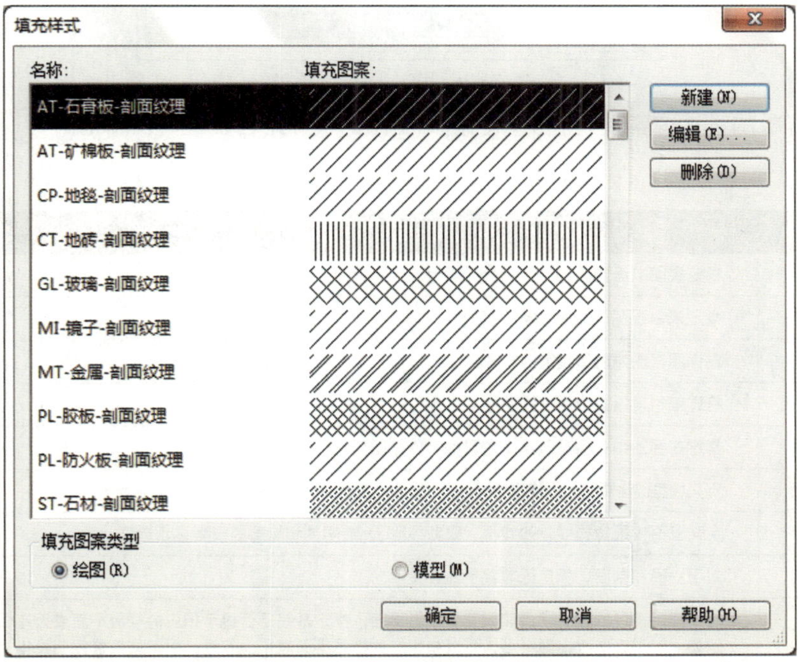

图 4.27 填充图案类型

4. 字体设置

设置方法："注释" → "文字"。命令调用如图 4.28 所示。

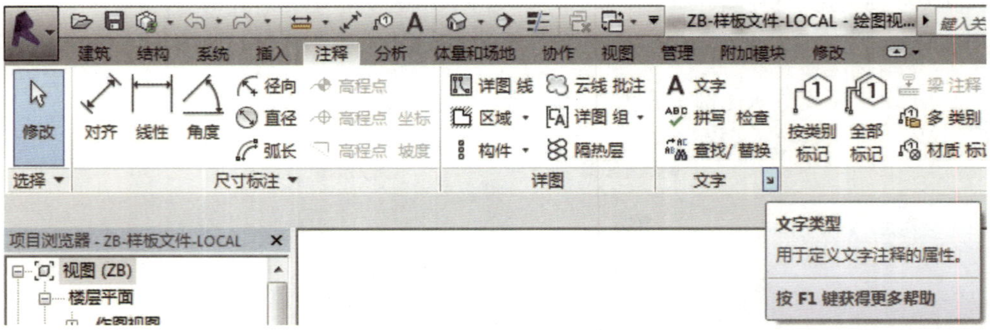

图 4.28 字体设置命令调用

（1）国标制图规范规定通用字体为：仿宋、Roman-D、黑体。

（2）如需单独创建大字体，字高可选值为 5 、7、10，宽度系数均为 0.7。

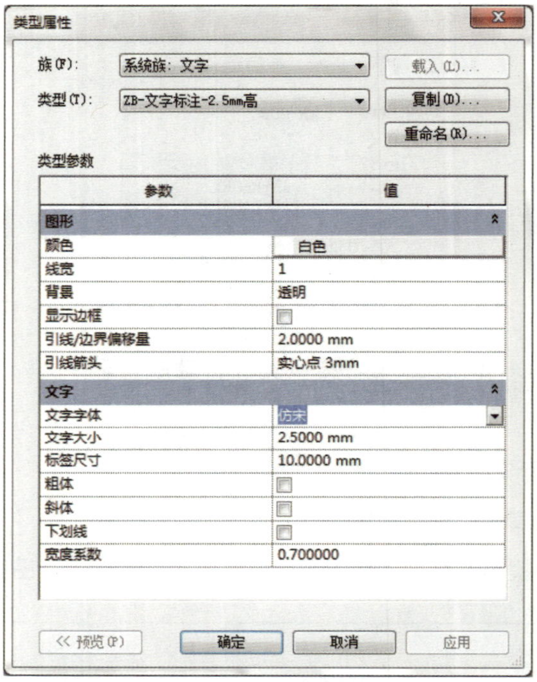

图 4.29 字体设置对话框

视图样板的设置内容较为复杂，包括视图比例、可见性设置、视图范围等（表 4.2）。

表 4.2 视图样板主要内容

视图样板内容	说 明
视图比例	指定视图的比例
比例值 1	指定来自视图比例的比率
显示模型	在详图视图中隐藏模型
详细程度	将详细程度设置应用于视图中
零件可见性	指定在视图中是否显示从中创建的零件和图元
可见性设置	定义模型 / 注释 / 分析模型 / 导入 / 过滤器 / 工作集 / 设计选项类别的可见性 / 图形替换
模型显示	定义表面（视觉样式，如线框、隐藏线等）、透明度和轮廓的模型显示选项
远剪裁	对于立面和剖面，指定远剪裁平面设置
基线方向	对于使用基线的楼层平面和天花板投影平面，指定基线是否显示相应的楼层平面或天花板投影平面。例如，对于天花板投影平面，可以将相应的楼层平面显示为基线，以帮您放置照明设备

续表

视图样板内容	说　明
视图范围	定义平面视图的视图范围
方向	将项目定向到项目北或正北
阶段过滤器	将阶段属性应用于视图中
规程	确定非承重墙的可见性和规程特定的注释符号
颜色方案位置	指定是否将颜色方案应用于背景或前景
颜色方案	指定应用到视图中的房间、面积、空间或分区的颜色方案
系统颜色方案	指定管道和风管的颜色方案
截剪裁	指定平面视图的深度剪裁平面设置
渲染设置	指定渲染三维视图的图像时要使用的设置

使用“视图”→“视图样板”→“管理视图样板”工具对项目样板中的视图样板进行设置，如图 4.30 所示。

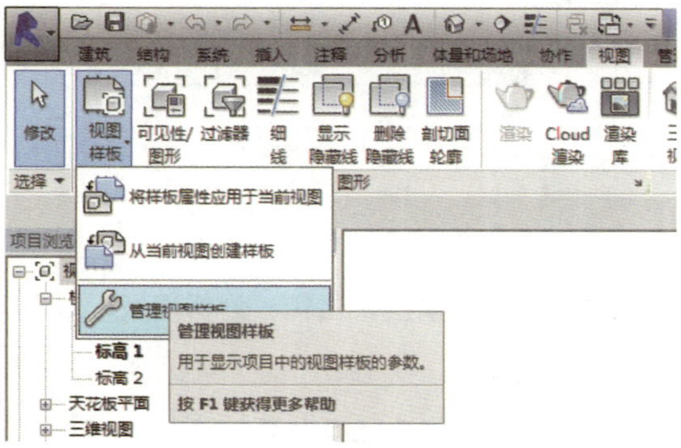

图 4.30　编辑视图样板工具

在弹出的视图样板属性框里（图 4.31），根据室内专业需求，设置地面铺装、天花平面图、家具布置图、隔墙定位图等视图样板。

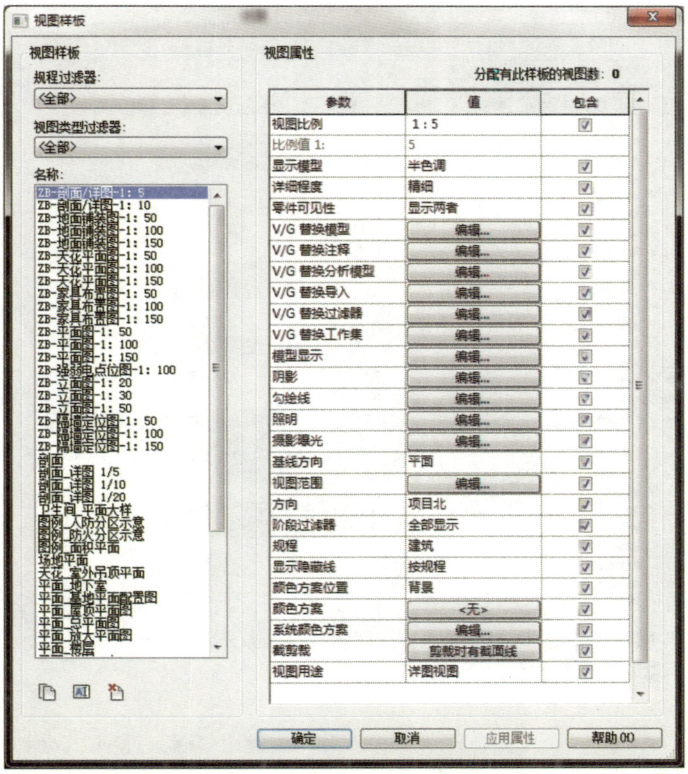

图 4.31　视图样板属性对话框

下面以“隔墙定位图 –1:150”视图样板的设置对视图样板的具体设置加以说明：

打开视图样板选项，复制现有视图样板，命名为“隔墙定位图 –1:150”，对视图样板的各项属性进行设置，如图 4.32 所示。

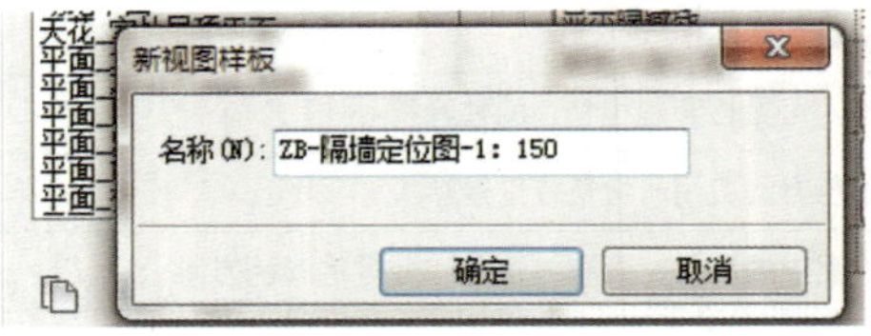

图 4.32 命名视图样板

· 打开视图比例下拉菜单，选择“自定义”，在下面的比例值属性框中输入 150。

· 显示模型选项设为“标准”，非详图视图。

· 详细程度设为中等，显示建筑外墙及室内隔墙即可，如图 4.33 所示。

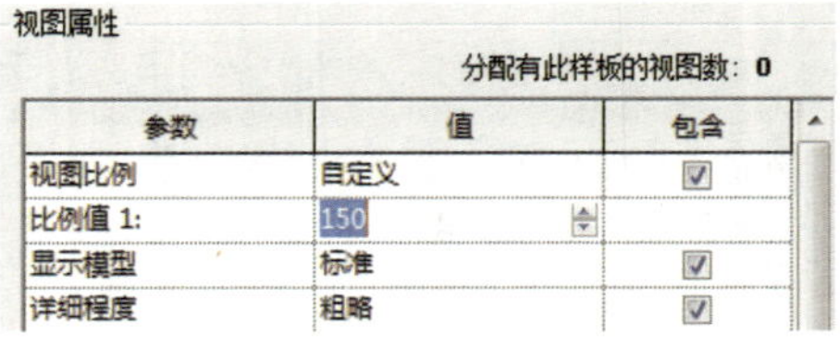

图 4.33 设置视图样板比例

· V/G（可见性）替换选项（包括模型、注释、分析模型、导入、过滤器、工作集）。

点击“编辑”，打开“隔墙定位图 –1:150”的“可见性 / 图形替换”对话框，在模型类别选项卡中仅打开墙、幕墙嵌板、幕墙竖梃、幕墙系统、房间、柱、栏杆扶手、楼梯、楼板、窗、竖井洞口、门、面积的可见性，如图 4.34 所示。

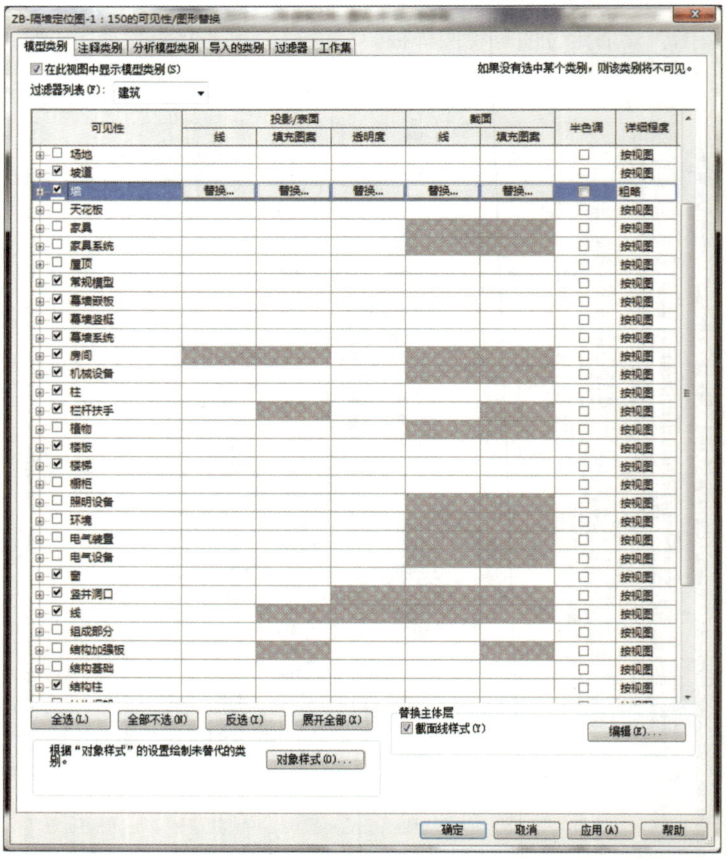

图 4.34 设置视图样板模型可见性

注释类别可见性选项中仅保留跟墙体标记、房间标记、材质标记相关的内容，其余都不勾选；分析模型类别及导入类别选项可设置为“不可见”，如图 4.35 所示。

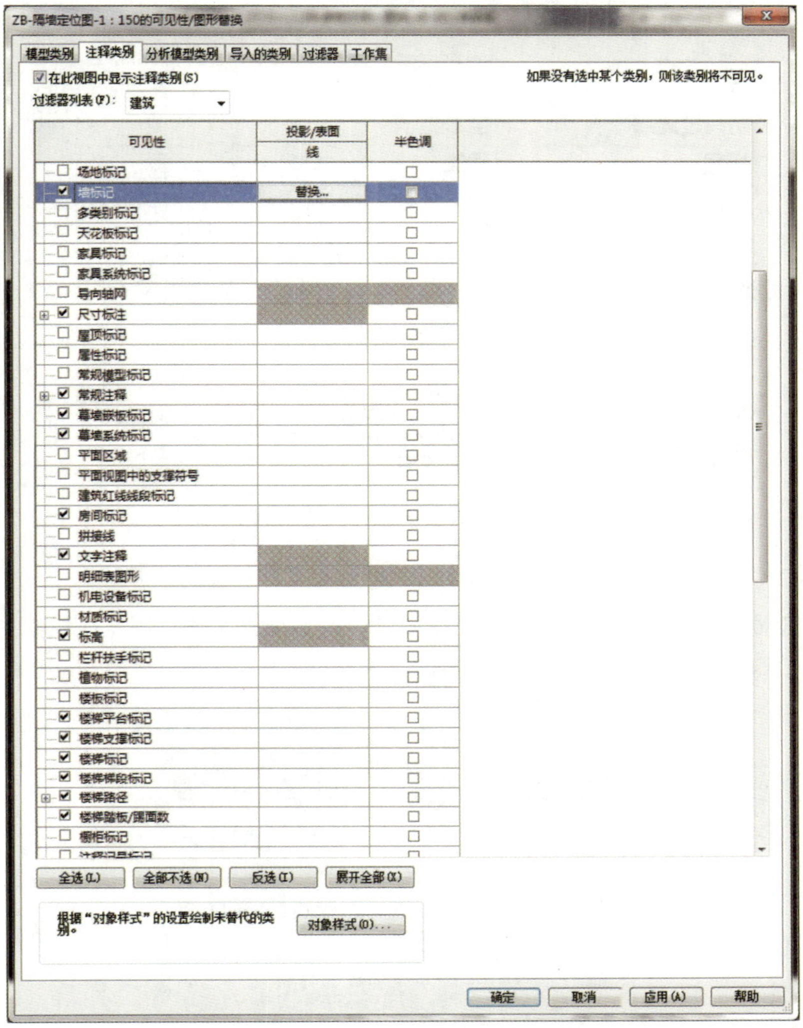

图 4.35 设置视图样板注释可见性

· 隔墙定位图无需显示天花板投影平面，基线方向选项选择“平面”，如图 4.36 所示。

图 4.36 设置视图样板的基线方向

· 视图范围设置为一般平面视图范围，如图 4.37 所示。

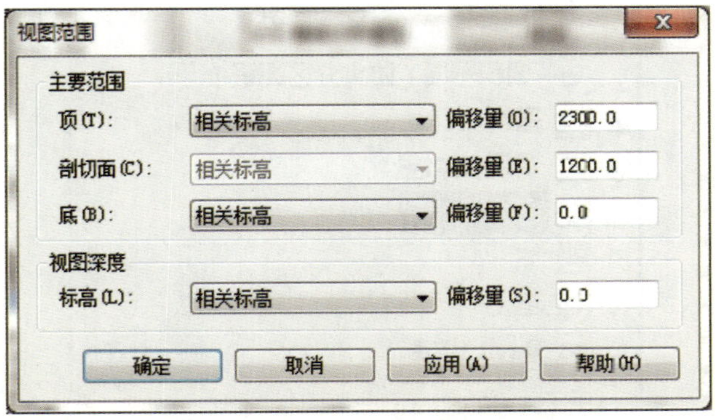

图 4.37 设置视图样板的视图范围

- 方向选项选择“项目北”。
- 阶段过滤器选项设置为“全部显示”。
- 规程选项选择“建筑”，如图 4.38 所示。

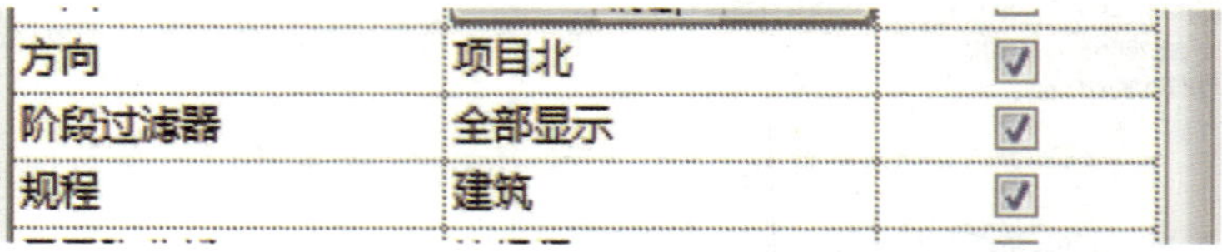

图 4.38 设置视图样板的方向、阶段过滤器及规程

- 截剪裁选项选择“不剪裁”。
- 视图用途选项选择“出图视图”，如图 4.39 所示。

图 4.39 设置视图样板的截剪裁及视图用途

4.1.3.2 浏览器组织

对浏览器组织方式进行设置，方便在项目中迅速展开工作。浏览器组织主要包括视图、明细表 / 数量、图纸、族等内容，如图 4.40 所示。

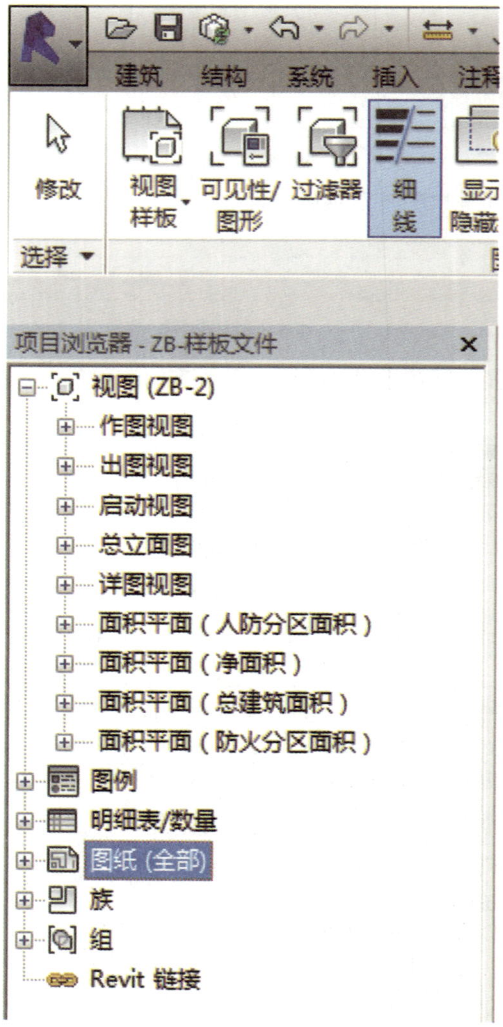

图 4.40 Revit 项目浏览器界面

右击“浏览器组织”属性面板中的“视图”，选择“浏览器组织”选项，弹出“浏览器组织”对话框（图 4.41）。

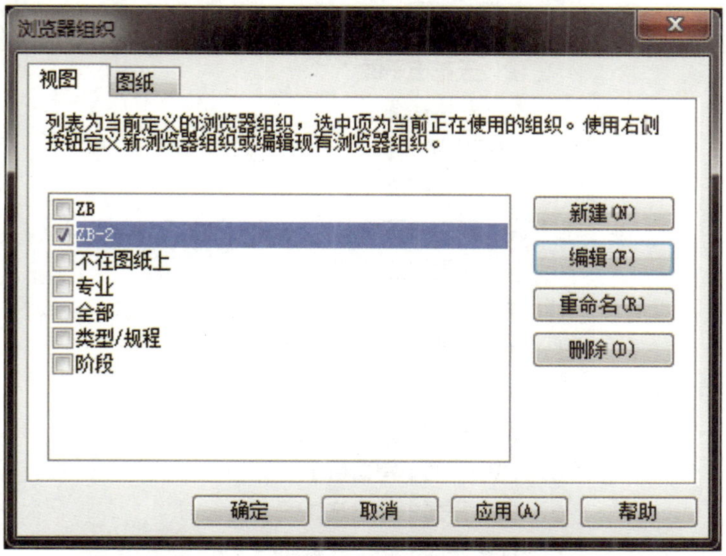

图 4.41 浏览器组织对话框

单击“视图”属性面板中的“新建”，对视图进行组织排序。案例中对视图采取按“视图用途”的方式成组，否则按“族与类型”方式成组，如图 4.42 所示。

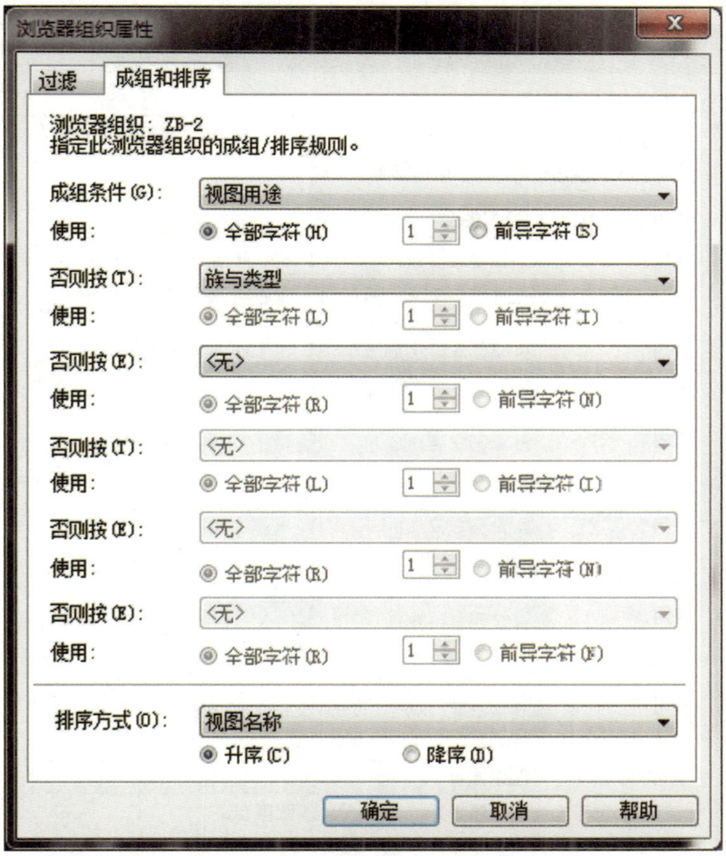

图 4.42 视图组织排序对话框

通过对视图属性面板中的“视图用途”选项进行设置，实现对视图的有序组织，如图 4.43 所示。

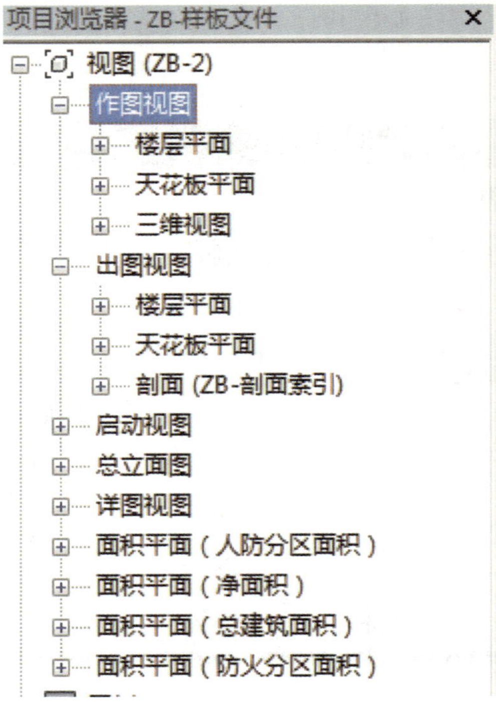

图 4.43 浏览器组织中的视图排列

单击“图纸”属性面板中的“新建”，对图纸进行组织排序。此案例中对图纸采取按“图纸编号”的方式成组，如图 4.44 所示。

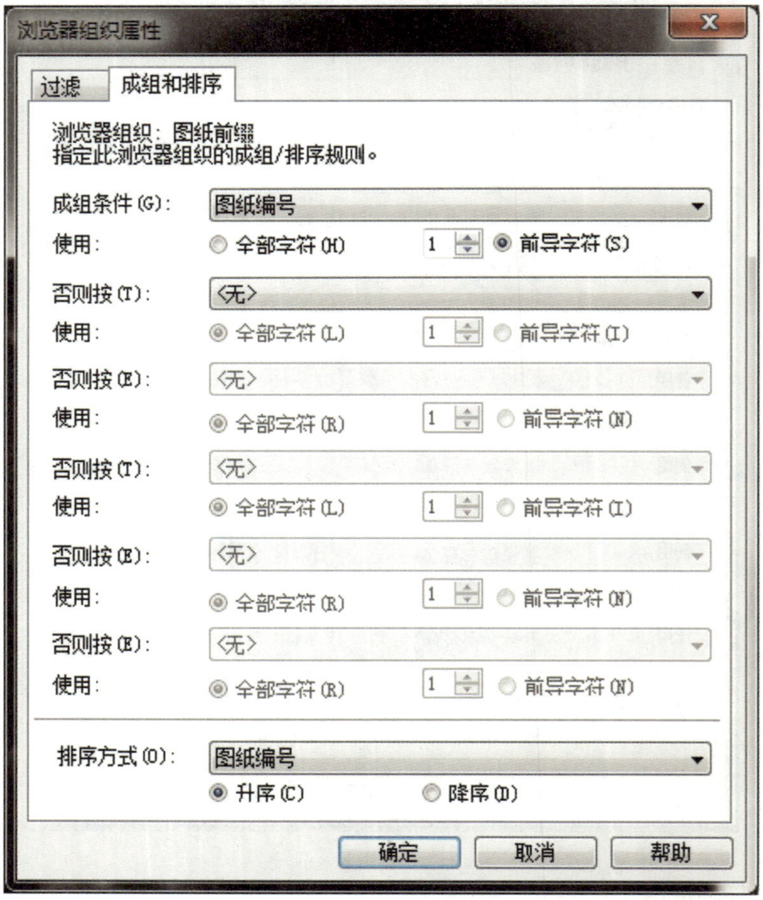

图 4.44 图纸组织排序对话框

明细表可在样板中一次性设置格式，确保样板中包含的内容具有明细表所需的所有参数。Revit 软件自带明细表丰富多样（图 4.45）。

企业可在其基础上进行修改，编写自己的明细表格式。单击浏览器中的一个明细表，显示当前明细表属性栏（图 4.46）。

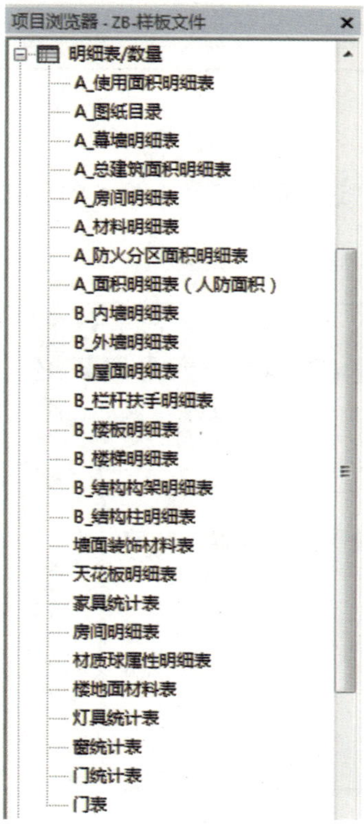

图 4.45 项目浏览器明细表列表

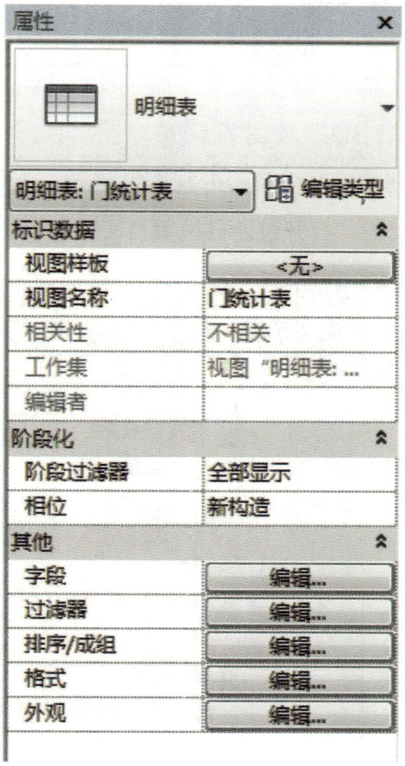

图 4.46 明细表属性栏

在明细表属性栏中可对当前明细表的“字段”“过滤器”“排序/成组”“格式”“外观”进行编辑。图 4.47 为明细表的“字段”属性栏。添加必要字段，如门表中必要的“标高”、“族”（名称）、“宽度”、“高度”、“防火等级”等内容。再对明细表的排序方式等加以设置，最终显示门统计表格式，如图 4.48 所示。

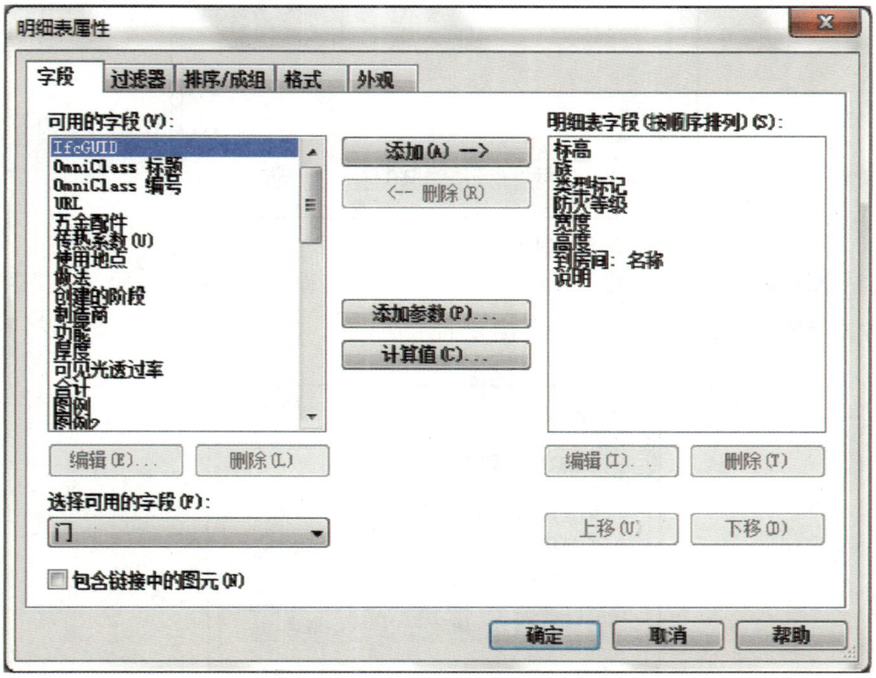

图 4.47 明细表字段属性栏

<门统计表>

A	B	C	D	E	F	G	H
				洞口尺寸			
标高	名称	编号	防火等级	宽度	高度	使用位置	备注
F1	单扇-与墙齐	M0618		600	1800		
F1	单扇推拉门-墙	M829		800	2100		
F2	单扇-与墙齐	M0618		600	1800		

图 4.48 门统计表

4.1.3.3 过滤器设置

创建项目中常用的视图过滤器。使用“视图”→“过滤器”工具（图 4.49），设置常用过滤器，打开过滤器设置页面（图 4.50）。

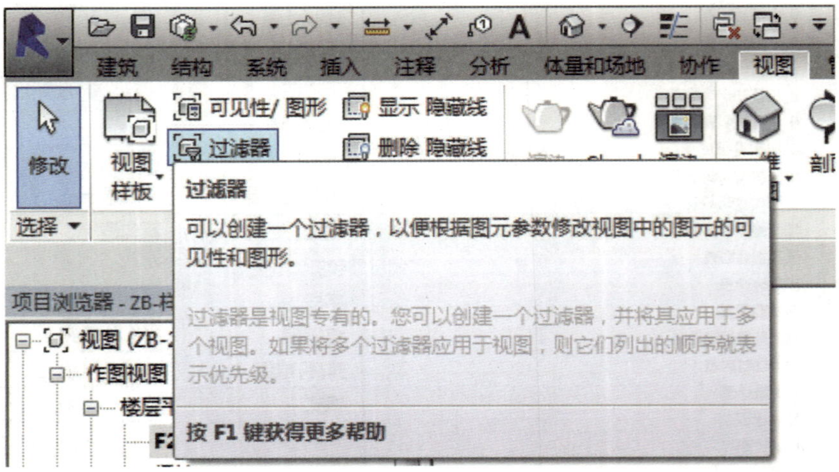

图 4.49 过滤器工具调用

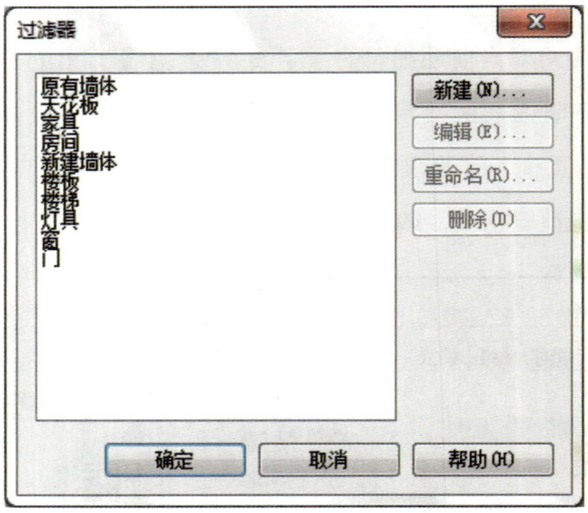

图 4.50 过滤器设置页面

在过滤器设置页面中点击“新建”，弹出过滤器名称页面，可以按照“定义条件”及“选择”两种方式，进行过滤器设置（图 4.51）。

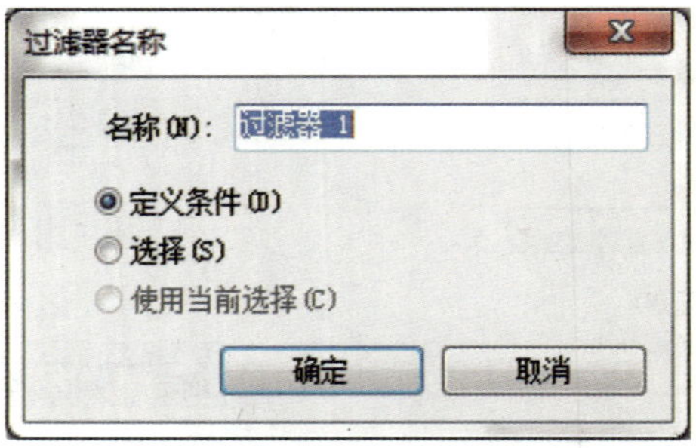

图 4.51 新建过滤器设置页面

选择“定义条件”，单击“确定”按钮，弹出过滤器条件设置页面，按照图元类别及其参数定义过滤器（图 4.52）。

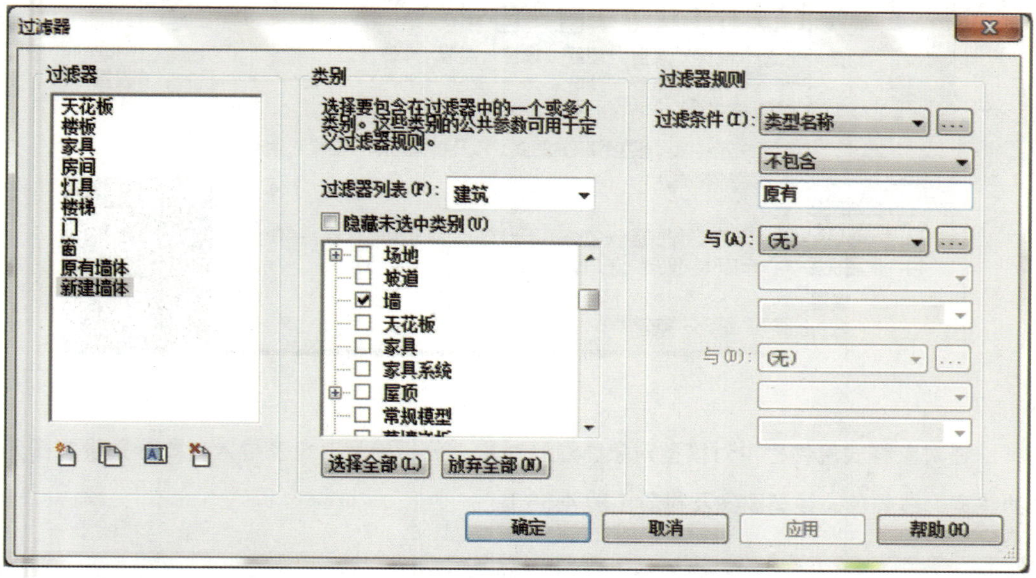

图 4.52 过滤器条件筛选页面

按“选择”方式定义过滤器（图 4.53），则返回视图页面，单击选择要加入过滤器集合的图元，或单击选择要从过滤器集合中删除的图元（图 4.54）。

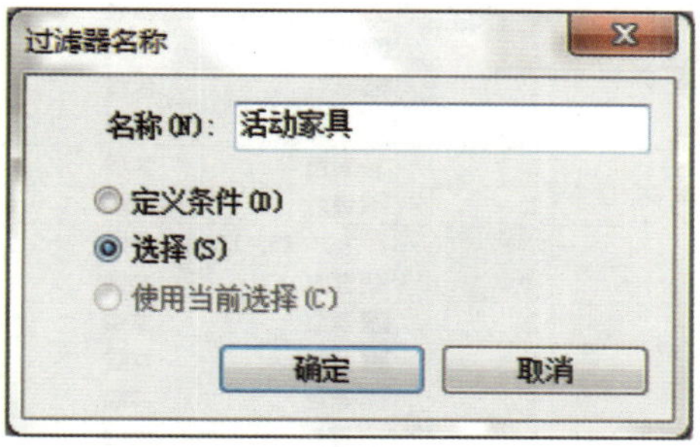

图 4.53 按选择方式定义过滤器

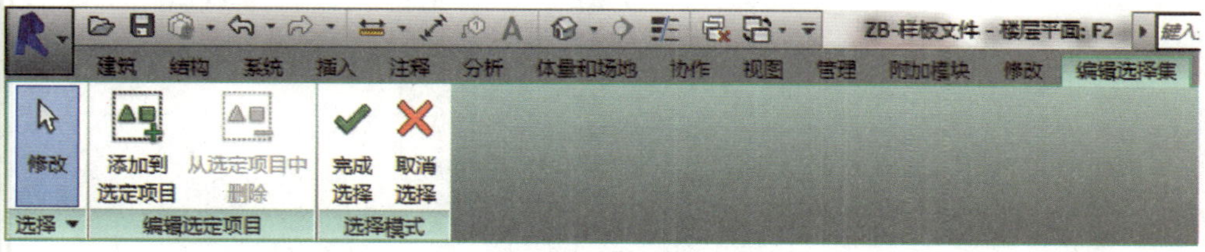

图 4.54 过滤器编辑选择集页面

通过对常用过滤器的设置，快速完成对视图的可见性设置。如对隔墙定位平面图而言，仅需显示楼板、柱、墙体、门窗等图元，其他图元不予显示，在视图的过滤器可见性中对其他类别图元执行不可见操作，即可获得需要的视图。

4.1.3.4 对象样式设置

使用“对象样式”工具为项目中不同类别和子类别的模型对象、注释对象和导入对象指定线宽、线颜色、线型图案和材质。

单击“管理”选项卡 →“设置”面板→“对象样式”，弹出“对象样式”对话框（图 4.55）。

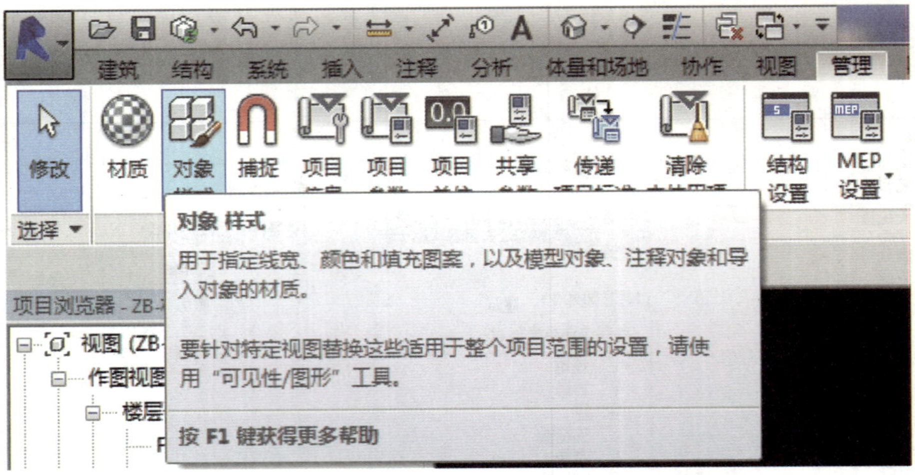

图 4.55　对象样式工具调用

在对象样式属性栏中对模型对象、注释对象、分析模型对象及导入对象分别设置图元的线宽、线颜色、线型图案及材质（图 4.56）。

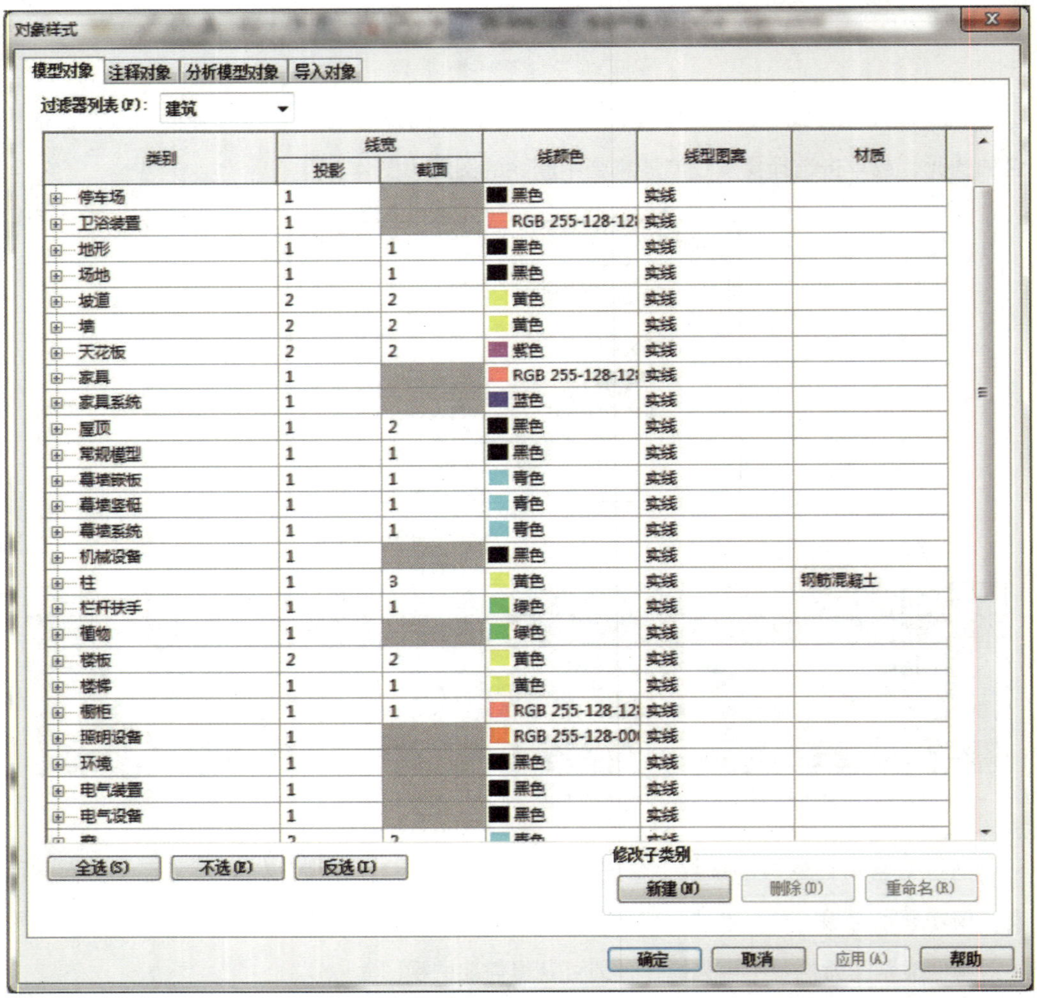

图 4.56　对象样式对话框

以模型对象中卫浴装置对象样式设置为例，设置其投影线宽为 1（线宽最小值）（图 4.57），线颜色设置为粉红色（RGB 值为 255、128、1）（图 4.58），线型图案设置为实线（图 4.59），与企业 CAD 绘图标准相一致。

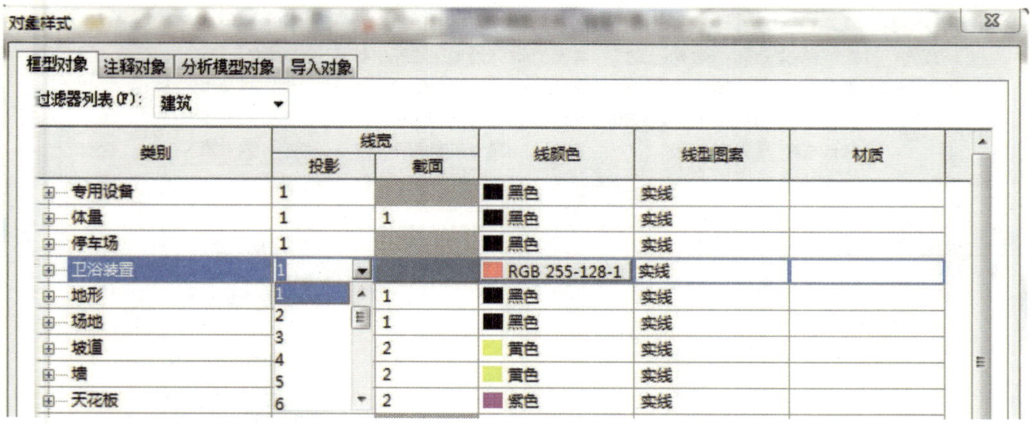

图 4.57　卫浴模型投影线宽设置

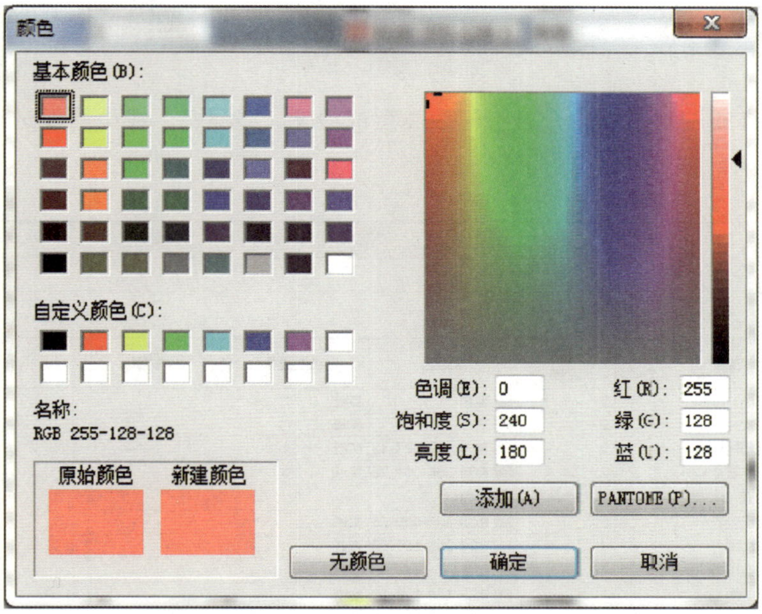

图 4.58　卫浴模型投影线颜色设置

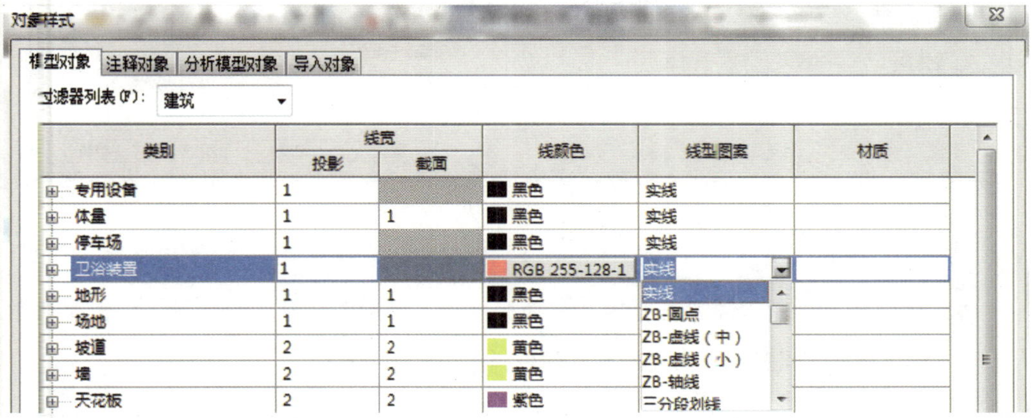

图 4.59　卫浴模型投影线型图案设置

在对象样式属性栏中对模型对象、注释对象、分析模型对象及导入对象分别设置不同类别图元的线宽、线颜色、线型图案及材质。根据专业需求，对卫浴装置、天花板、家具、幕墙、楼板、门窗等图元类别根据企业规范进行对象样式设置。

4.1.3.5　线样式设置

使用“管理”→“设置”→“其他设置”工具来定义样板的线样式（图 4.60）。

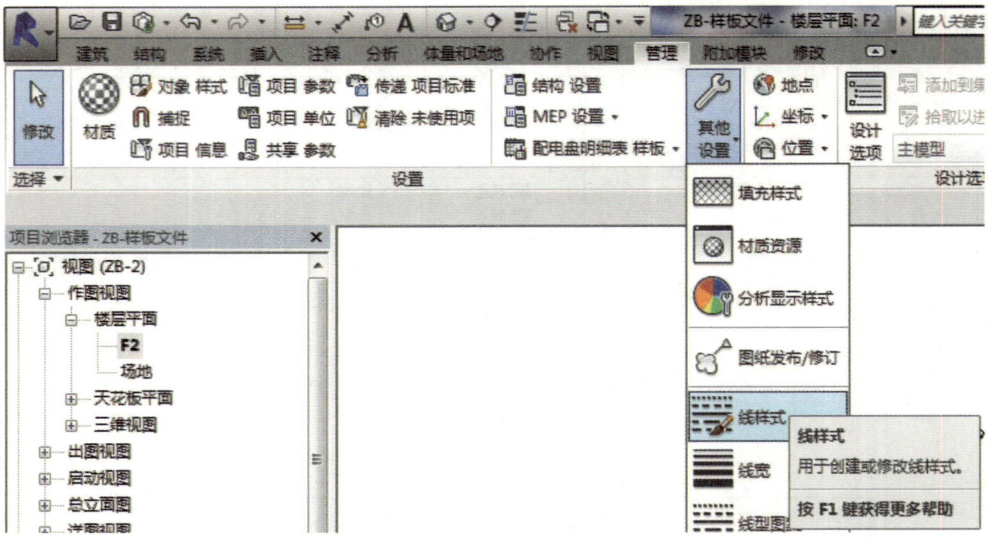

图 4.60 线样式工具调用

在“线样式”对话框中，对不同线类型的线宽、线颜色、线型图案进行设置（图 4.61）。

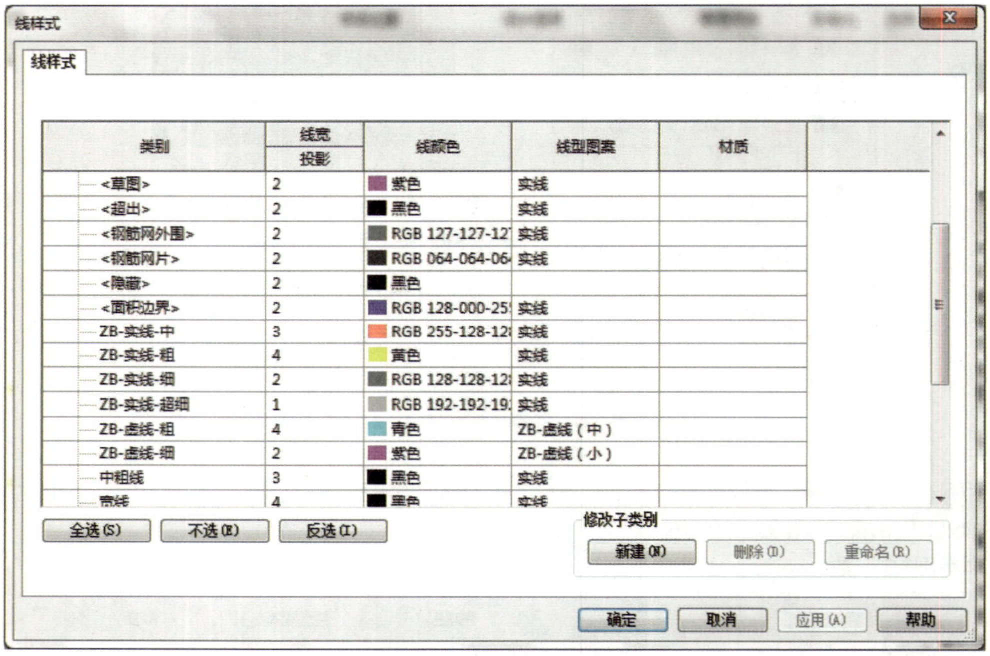

图 4.61 “线样式”对话框

4.1.3.6 常用族载入

将常用的族文件载入项目样板中，包括标题栏、模型图元及注释图元等。使用“插入”→“载入族”工具将企业常用族载入项目样板中（图 4.62）。

图 4.52 载入族工具栏调用

载入项目样板的族文件在项目浏览器的族下拉菜单中体现，新项目应用项目样板可以直接调用项目样板中载入的族（图 4.63）。

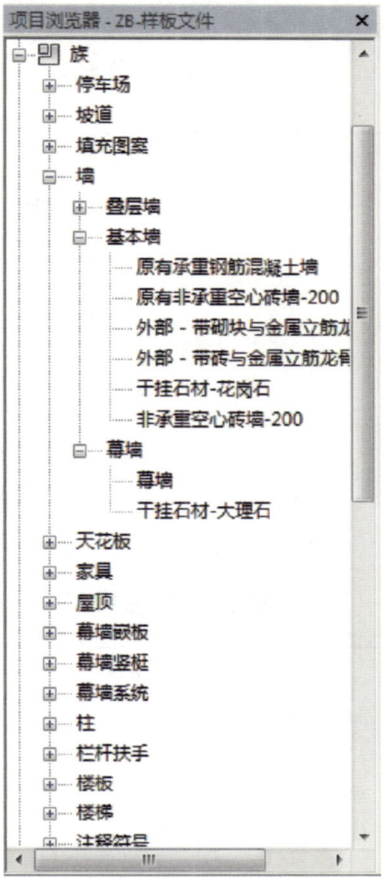

图 4.63 项目样板中载入的族文件

4.1.4 共享参数设置

共享参数是可以添加到族或项目中的参数定义。共享参数是一个信息容器定义，其中的信息可用于多个族或项目。使用共享参数在一个族或项目中定义的信息不会自动应用到使用相同共享参数的其他族或项目中。

Revit 共享参数涉及项目共享参数及族共享参数两种类型，共享参数可通过“管理”→“设置”→“共享参数”工具进行添加（图 4.64）。

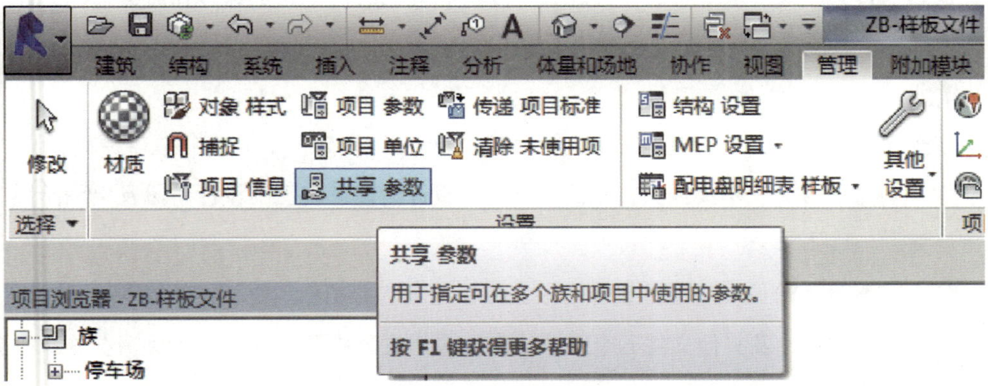

图 4.64 共享参数工具调用

单击“编辑共享参数”对话框中的“浏览”将外部的参数文件导入到项目样板中，或单击新建创建企业常用共享参数（图 4.65）。

图 4.65 共享参数编辑

将常用族共享参数及项目共享参数添加到共享参数文件中，便于在新项目中使用共享参数。

4.2 行为标准

行为标准指基于具体 BIM 项目的运用，利用企业 BIM 资源规范化设计过程，侧重从具体操作层面指导设计师按照企业 BIM 标准进行具体项目的设计工作。下面主要从项目文件夹结构与命名、建模规范两个方面展开论述。

4.2.1 项目文件夹结构与命名

应建立中央资源文件夹，以保存企业共享数据的安全与稳定性。同时，对于每个项目均应创建项目文件夹。项目样板、标题栏、族库和其他通用数据应保存在服务器的企业中央资源库中，且应实施严格的访问权限设置。

4.2.1.1 项目文件夹架构

在企业 BIM 共享平台上建立 BIM 项目共享文件夹（图 4.66），应遵循以下原则：

（1）每个项目为一个文件夹，里面包括方案设计阶段、施工图设计阶段及出图阶段三个文件夹。

（2）方案设计阶段及施工图设计阶段文件夹里面包括 Revit 项目文件、Revit 族文件、链接文件、导出文件及其他文件五个部分（企业应用过程中可根据具体项目情况添加必要文件夹）。

（3）如果一个项目包含多个独立元素（例如子项、建筑物、区域等），应在一系列子文件夹中分别保存各个元素的 BIM 数据。

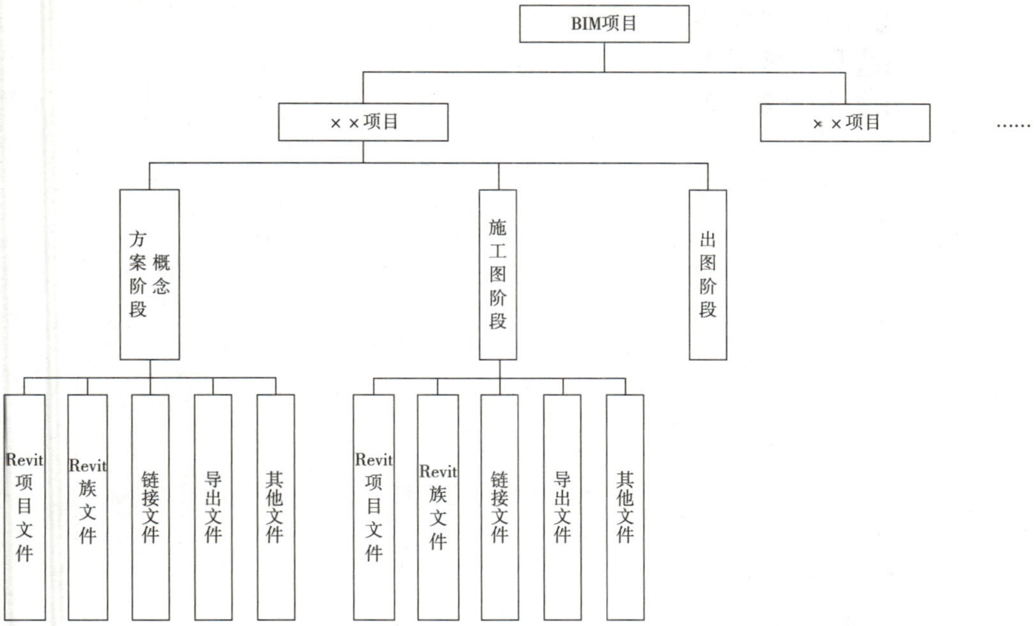

图 4.66　企业 BIM 项目文件框架

4.2.1.2　项目文件夹、族文件命名

一般命名规范应遵循以下原则：

（1）不在文件夹名称中间添加空格，以防管理和协作干扰。

（2）字段之间应通过连字符“–”隔开，请勿使用其他符号或空格。

（3）不得修改或删除文件名后缀。

（4）项目文件命名应包含项目编号、项目名称等信息，项目编号可以是合同号，如“2015– 设 –001”，项目名称可以是工程名称缩写，如“湘潭万达”（图 4.67）。

图 4.67　BIM 项目文件夹命名

（5）族文件命名针对室内专业分成内隔墙、门窗、墙面装饰、地面、天花、家具、灯具、洁具、配饰等几类分别举例描述（图 4.68）。

图 4.68　族文件分类

内隔墙命名：“隔墙做法” – “厚度”。

例：“石膏板隔墙 –100”表示厚度为 100mm 的石膏板隔墙（图 4.69）。

图 4.69 墙族文件命名

门窗命名参考建筑专业命名方式。

门族命名：“门类型代号”“宽度”“高度”。其中门的类型代号为：M—木门；MLC—门联窗；FM—防火门；TWFYJ—防火卷帘门；JLM—卷帘门；LM—铝合金门；BLM—玻璃门。

例：“M0921”表示宽度为900mm、高度为2100mm的普通木门；“FM1521甲”表示宽度为1500mm、高度为2100mm的甲级防火门（图4.70）。

图 4.70 门族文件命名

窗族命名：C“宽度”“高度”。

例：“C1518”表示宽度为1500mm、高度为1800mm的窗（图4.71）。

图 4.71 窗族文件命名

墙面装饰层命名：“材质大类”–“具体品种”–“规格”/“面层厚度”，如图4.72所示。

例：“大理石–雅士白–600×600”表示600mm×600mm规格的雅士白大理石装饰面；“涂料–白色乳胶漆”表示白色乳胶漆装饰墙面。

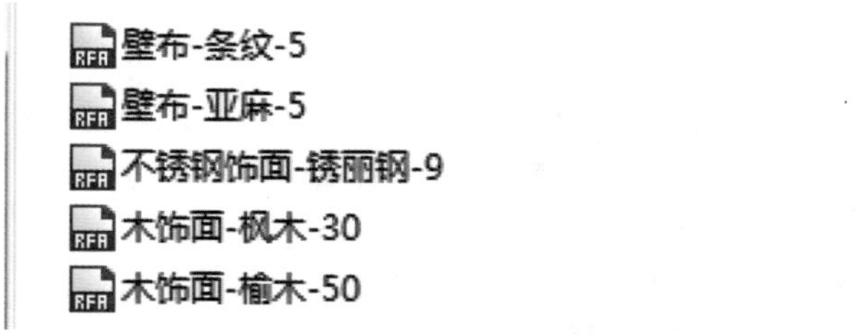

图 4.72 墙面装饰族文件命名

地面铺装命名：“材质大类”–“具体品种”–“规格”/“面层厚度”，如图4.73所示。

例：“玻化砖–灰色防滑–600×600”表示使用规格为600mm×600mm规格的灰色防滑玻化砖地面铺装；“pvc–灰色–5”表示使用5mm厚度灰色的PVC卷材地面铺装。

吊顶天花命名：“材质大类”–“具体品种”–“规格”/“面层厚度”。

例：“耐水石膏板–9.5”代表厚度为9.5mm的石膏板天花装饰层。

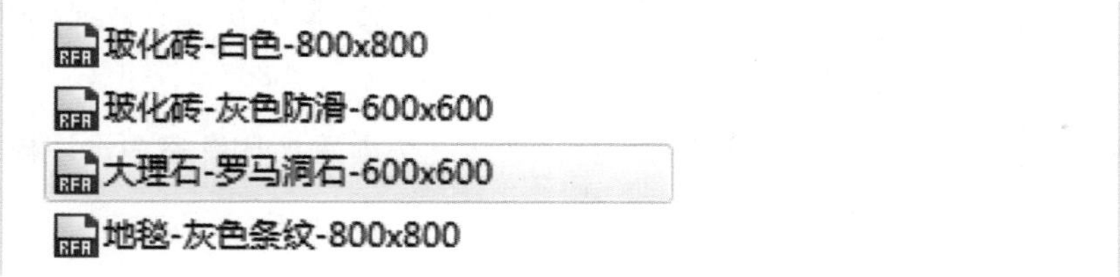

图 4.73　地面铺装族文件命名

因天花板为软件自带族，故对于天花板族的命名体现为对其族类型的命名规范，如图 4.74 所示。

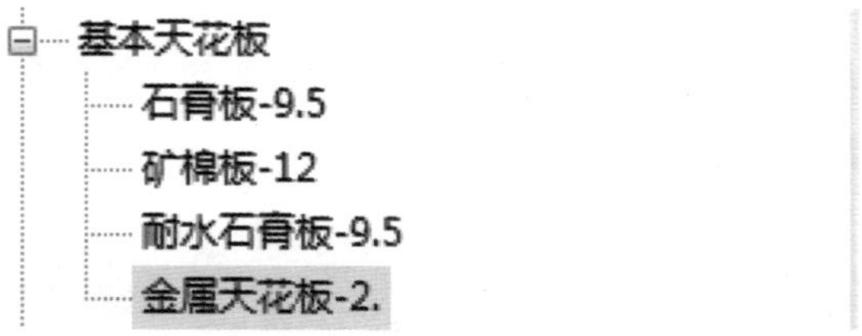

图 4.74　天花族命名

家具命名：“家具种类” – “材质” – “规格”，如图 4.75 所示。

例：“办公桌 – 枫木 –2000 × 1200 × 700” 代表长度为 2000mm、宽度为 1200mm、高度为 700mm 的枫木办公桌。

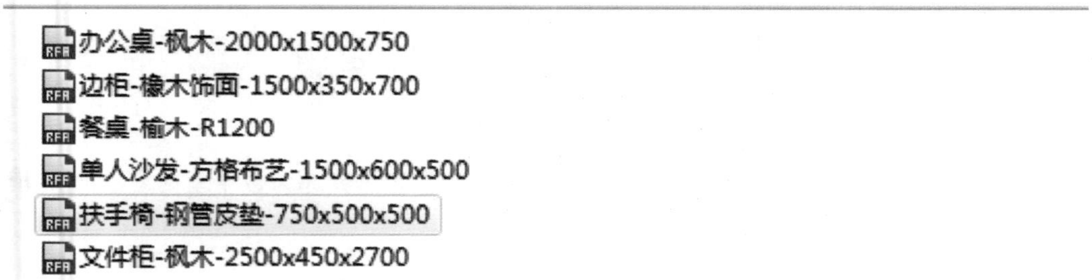

图 4.75　家具族文件命名

配饰命名：“配饰种类” – “规格”（无规格可去掉），如图 4.76 所示。

例：“挂画 –1500 × 1500” 表示大小为 1500mm × 1500mm 的挂画。

图 4.76　配饰族文件命名

注：其他特殊构件如在此未做规定的，按照构件特点及方便管理、区分、查找的原则进行命名。

4.2.2　建模规范（标准）项目过程行为标准

项目准备工作完成之后，需要在现有资料（任务书、设计素材、企业 BIM 资源）的基础上，展开 BIM 设计工作。其主要工作流程包括以下方面。

（1）在现有BIM模型基础上进行模型拆分或建立建筑BIM模型后再进行模型拆分，明确分配设计任务。

（2）专业内设计人员按照一定的模型标准要求，协同建立BIM室内设计模型，优化设计模型。

（3）专业协同。

（4）室内模型完成到一定深度组织输出，配合其他软件出图或独立出图，完成设计任务。

下面以Revit为例对这几个工作流程中应该遵循的行为标准分节展开叙述。

4.2.2.1　模型拆分（链接及工作集）

室内设计项目进行初期，需要建立基础BIM模型或利用建筑专业模型并建筑专业模型拆分为各个相关专业模型（图4.77）。

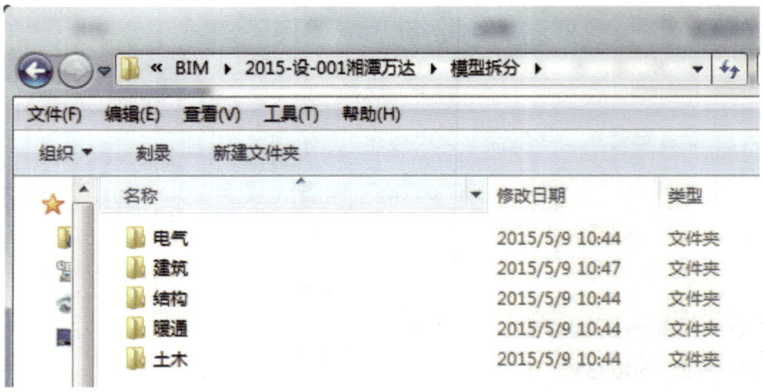

图4.77　BIM模型按专业拆分

为方便室内设计模型的数据运算，将独立的建筑模型拆分为为数个室内专业BIM模型。利用此方法可以减少硬件配置的要求（图4.78）。

图4.78　BIM模型按专业拆分

模型拆分有以下三点目的：

（1）专业间多用户访问及协同。

（2）大型项目的操作效率。

（3）不同专业间的协作。

1. 链接

通过链接，设计师可以在模型中引用更多的几何图形及数据作为外部参照，可链接Revit文件、CAD文件、ifc文件、点云、贴图等（图4.79），链接文件时应注意几个问题：

图4.79　Revit链接工具栏

（1）链接后会将链接文件中的轴网等一些二维注释链接进主模型，影响主模型的图纸显示。导入后需修改视图样板，将链接文件的注释关掉，并应用视图（图 4.80）。

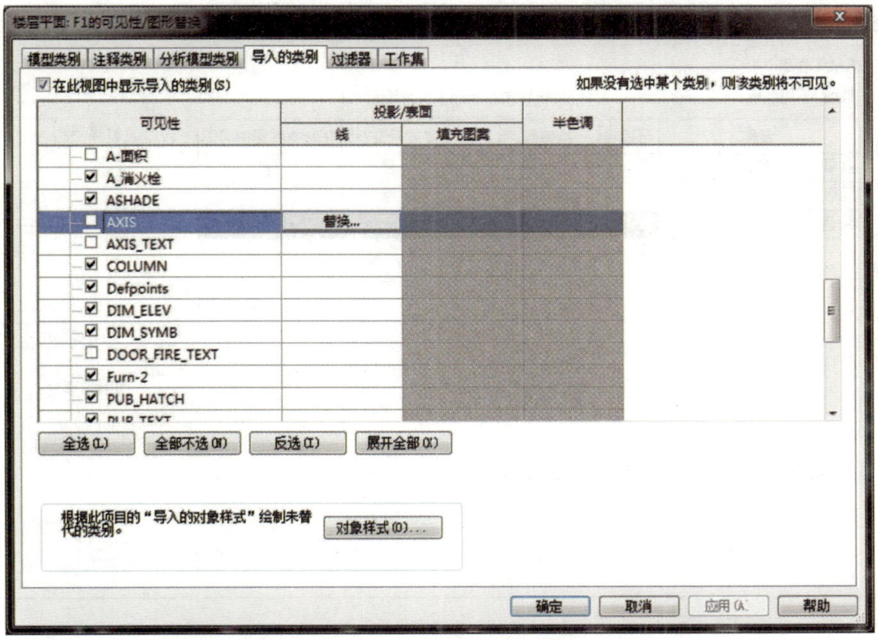

图 4.80 Revit 模型链接取消注释图元可见性

（2）链接文件需放在服务器中，否则其他人无法链接到，且路径指定不要用相对路径，否则冲突，造成链接丢失，应指定绝对路径（图 4.81）。

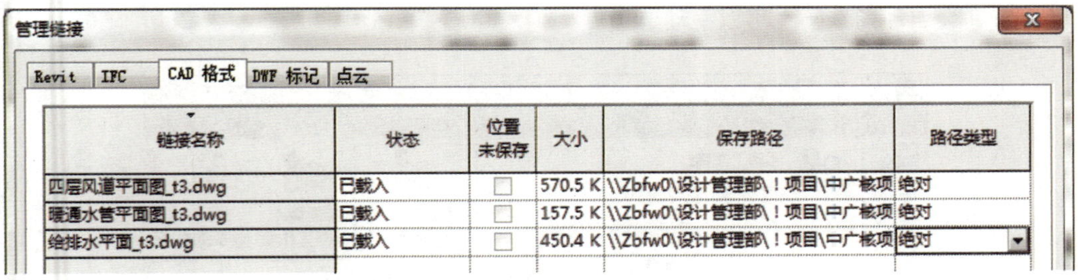

图 4.81 Revit 链接采用绝对路径

（3）每次开启文件时，链接文件自动更新。若开启文件后通过上专命令无法更新链接文件，需通过“链接管理”→“重新载入”的命令链接文件。

（4）切勿在图纸视图下通过激活视图的命令链接 CAD，否则 CAD 会存在图纸视图下，应在相应视图下链接 CAD。

2. 工作集

启用工作集（图 4.82）可使得多个用户通过一个中心文件及多个同步的本地副本文件，同时对一个模型文件进行修改，大幅度提高大型项目工作效率。

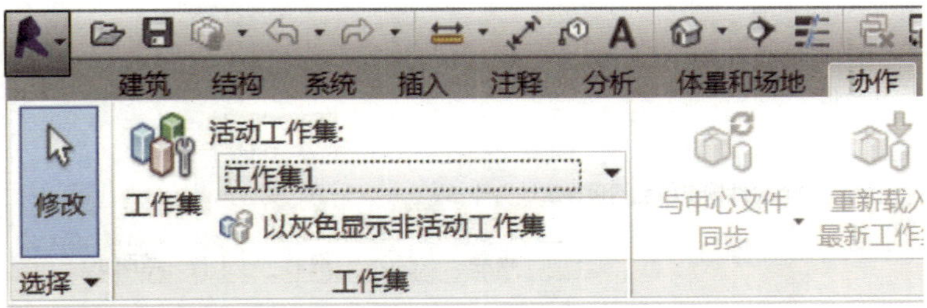

图 4.82 工作集工具栏调用

创建工作集后，可以启用工作共享，从而达到协同工作的目的。创建工作集后，将模型另存为中心文件，然后更改工作集的可编辑性，调整为不可编辑（图 4.83）。

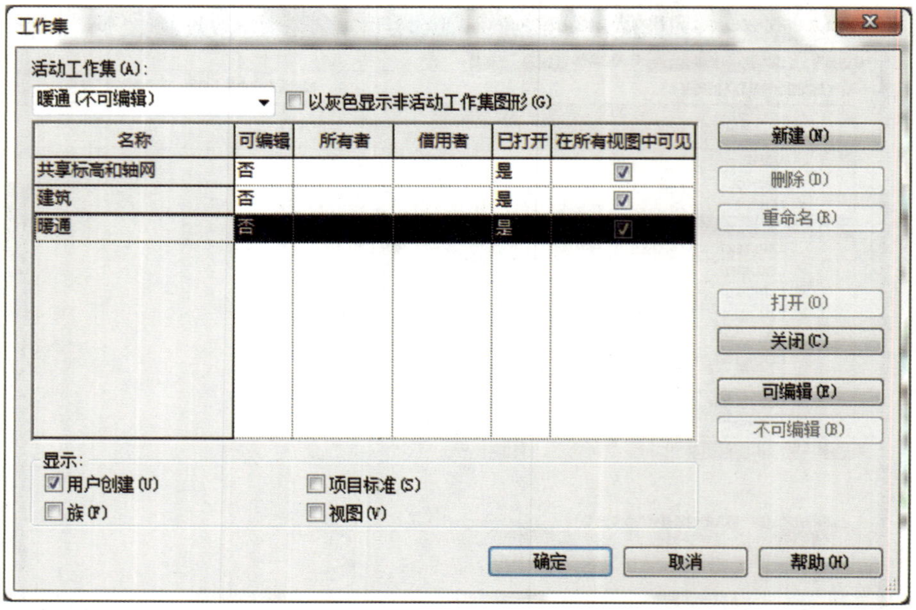

图 4.83 工作集编辑界面

3. 中心文件同步

在以中心模型为核心的 BIM 工作中，通常的保存方法是与中心文件同步（图 4.84）。与中心模型同步时要注意勾选保存本地文件按钮（图 4.85），另外根据工作情况，借用图元等按钮会自动勾选，也可以手动选择。

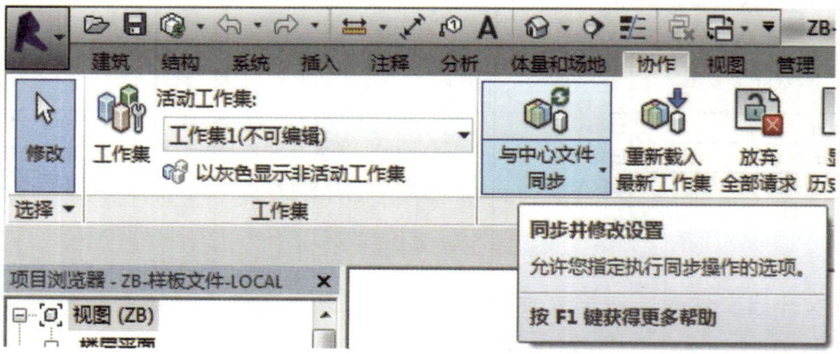

图 4.84 中心文件同步工具调用

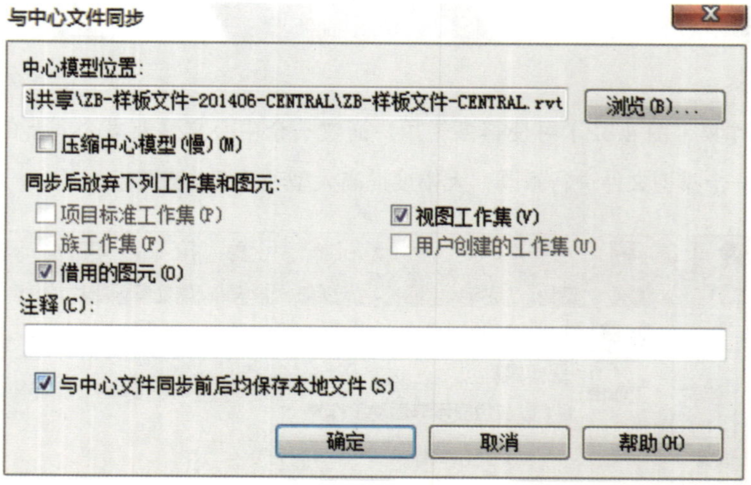

图 4.85 与中心文件同步界面

4. 复制 / 监视

使用“复制 / 监视”工具（图 4.86）可以在主题项目与链接模型之间或某一项目内监视图元。如果某一团队移动或修改了受监视的图元，则其他团队会收到通知，以便这些团队可以调整设计或与团队成员一起解决问题。

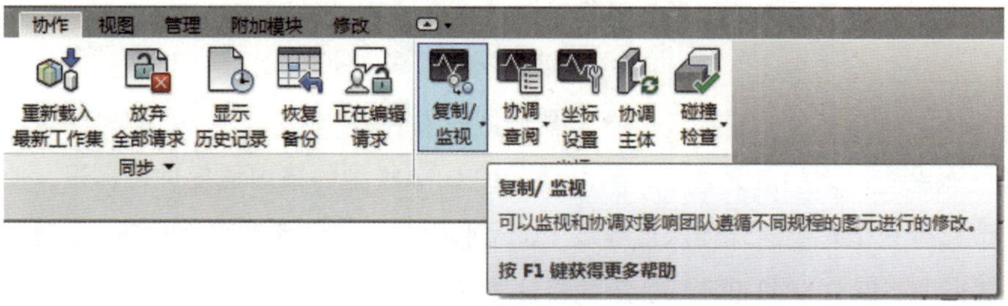

图 4.86 复制 / 监视工具调用

5. 协调主体

列出以链接模型为主体并且因链接模型中的修改而需要查阅的标记和图元。当链接模型发生变化时，以其为主体的标记或基于面的图元可能会变得孤立。使用该工具可以识别孤立图元并将这些图元删除，或者在适当的情况下选择新主体。

4.2.2.2 建模标准

1. 建模总则

按照项目要求有序创建 BIM 模型；最大程度发挥模型应用价值；不过度建模但应满足项目需求。

2. 模型深度等级

根据不同的应用需求，设计中不同专业所创建的模型称为专业模型。在 BIM 设计中对专业模型的强调尤为重要，依据现有的 BIM 实施情况，可以将 BIM 模型按专业划分为建筑模型、结构模型和机电模型以及本文研究的室内模型。在实际应用中按照设计要求，还可以更加细致地划分。在 BIM 实施中，无论是项目应用还是企业普及都要明确模型的应用和划分，在模型较多的应用之中，需要编制模型分类表并依深度划分等级。

模型的精细程度称为模型深度。在 BIM 的具体实施中，模型的精细程度是根据具体的项目需要确定的，规划设计和施工图设计有很大的区别，其模型深度也会由粗到细，有很大的不同。模型深度代表模型所包含信息的多少，并不代表模型的优劣程度。

建筑信息模型中，虽然我们看到的是模型，但是 BIM 概念中更重要的是模型所承载的信息，模型只是载体，是基础。在三维模型创建时，首先是依据相应的参照基础，创建空间实体。因此，模型创建的过程就是几何信息的产生过程，几何信息的多少取决于模型创建的深度。

在 BIM 设计过程中除了几何信息之外，还需要大量的非几何性质的信息，即非几何信息，如时间刻度、命名和编码、技术参数等。非几何信息是 BIM 应用的重要条件，各种基于 BIM 模型的算量以及分析模拟都需要非几何信息的支持。

关于 BIM 的实施，建筑、结构以及机电专业都有相应的标准规定了模型深度等级，但是在室内设计专业中，并没有相应的标准或者介绍。笔者根据项目实践情况和室内设计的特点以及结合 BIM 的实施特点，尝试总结室内信息模型的模型深度等级。为了能很好地和建筑以及其他相关专业衔接，按照已有的建筑专业的深度等级，笔者也将室内信息模型的深度等级分几何信息深度等级和非几何信息深度等级，同时按照设计阶段的不同分为五个等级：基本模型等级、视觉模型等级、结构模型等级、出图模型等级和算量分析模型等级。

模型深度等级的表达式表示为

专业 BIM 模型深度等级 =[GIm，NGIn]

几何信息深度等级 =GIm

非几何信息深度等级 =NGIn

（m 和 n 取值区间为 [1.0~5.0]）

模型深度表达式的意义在于，对所建构的 BIM 模型的精细程度进行标识，使项目的 BIM 模型都有一个对应的几何深度等级（GIm）和非几何深度等级（NGIn）。通过这一标注可以清晰地了解 BIM 模型所要达到的设计要求。

建立 BIM 模型需要根据不同的项目要求及用途制定不同的建模深度要求，才能使模型达到合理的使用性能，不至于一味追求模型细节，失去大方向。参考建筑专业现阶段建模标准，室内专业建模标准可分为概念方案模型、方案深化模型、施工图模型三个阶段，不同阶段的建模方法及深度要求不同（图 4.87）。

最初使用概念性对象创建模型

随着设计的逐步深入，概念性对象将被 2 级或 3 级对象取代

图 4.87　不同的建模深度

在设计初期的方案模型阶段，所使用的图元尽量采用粗略造型，不要包含太多的细节，能够辨识即可，这一阶段的模型主要用于平面布局、主要空间环境分析，确定设计风格。方案深化模型阶段，需要细化方案阶段的各图元，确定细节造型及材质，对设计范围内的次要空间进一步设计，并根据需要，绘制部分节点详图。在施工图设计阶段，图元需要有精确的尺寸、形状、位置、数量、材质，并附有一定的建造、安装信息，此外还需要对项目中的视图进行整理并创建图纸视图，准备输出图纸或三维模型信息。

注：在具体项目运用中，还需针对项目本身特点，制定各阶段详细建模标准。若统一图元存在多种级别深度模型，应注意确保对象中包含相同的共享参数，以保持数据完整性。

表 4.3 和表 4.4 是笔者根据室内设计的特点，同时结合建筑以及结构和机电专业的深度等级表制定的室内信息模型深度等级表。

表 4.3　　室内设计专业几何信息深度等级表

序号	信息内容	深度等级（GIm）				
		1.0	2.0	3.0	4.0	5.0
1	室内空间布局以及相应的几何尺寸、定位信息	√	√	√	√	√
2	室内装饰完成面以及面几何尺寸、定位信息：墙、顶、地	√	√	√	√	√
3	装饰门、窗以及几何尺寸、定位信息	√	√	√	√	√
4	主要装饰造型以及几何尺寸、定位信息	√	√	√	√	√

续表

序号	信 息 内 容	深度等级（GIm）				
		1.0	2.0	3.0	4.0	5.0
5	主要经济技术指标的基础数据：如面积、高度、距离、定位	√	√	√	√	√
6	室内装饰材料形式		√	√	√	√
7	装饰墙面分割形式、几何尺寸、定位信息		√	√	√	√
8	地面铺装分割形式、几何尺寸、定位信息		√	√	√	√
9	天花吊顶造型与分割形式、几何尺寸、定位信息		√	√	√	√
10	主要门窗造型、几何尺寸、定位信息		√	√	√	√
11	主要家具样式、布置、定位信息		√	√	√	√
12	主要灯具样式、布置、定位信息		√	√	√	√
13	主要设备布置、定位信息		√	√	√	√
14	构造龙骨及主要连接件布置以及编号、定位信息			√	√	√
15	吊顶吊杆及主要连接件布置以及编码、定位信息			√	√	√
16	细化经济技术指标：面积、高度、距离、定位等				√	√
17	实际完成构件的几何尺寸、定位信息				√	√
18	需加工定制构件的几何尺寸、定位信息				√	√
19	室内装饰工程隐蔽构件以及预留洞口				√	√
20	装饰完成面的具体几何尺寸、定位信息				√	√
21	灯具的具体几何尺寸、定位信息				√	√
22	家具的具体几何尺寸、定位信息				√	√
23	龙骨连接件和连接装置					√
24	吊杆连接件和连接装置					√

表 4.4　　室内设计专业非几何信息深度等级表

序号	信 息 内 容	深度等级（NGIn）				
		1.0	2.0	3.0	4.0	5.0
1	建筑位置信息：地理位置、气候条件、坐标	√	√	√	√	√
2	项目基本信息	√	√	√	√	√
3	主要经济技术指标：总装修面积、各层装修面积、各功能空间装修面积等	√	√	√	√	√
4	装修类别与等级：防火等级、防火类别	√	√		√	√
5	材料选择		√	√	√	√
6	灯具类型、家具类型选择		√	√	√	√
7	门窗类型选择		√	√	√	√
8	装饰件工艺要求		√	√	√	√
9	装饰完成面构造方式			√	√	√
10	构造设计参考图集			√	√	√
11	构造设计工艺要求			√	√	√
12	各结构件的选择、连接要求			√	√	√
13	装饰构件采购、安装、构造信息			√	√	√
14	用料说明：编码、使用空间等				√	√
15	需要专业公司深化设计的部分				√	√
16	推荐的材质档次、可选用材料以及参考价格				√	√
17	工业化加工生产的细节				√	√
18	工程量统计信息					√
19	施工组织信息					√
20	相关运维信息					√

4.2.2.3　协同标准

BIM 的协同设计特点是：基于统一的 BIM 模型数据，保持数据良好的关联性及一致性，完成高度的数据共享。Revit 文件内部协同可通过工作集及链接的方式实现（上节已有相关内容），此外还有不同软件之间的协同，包括应用最为广泛的 CAD、3ds Max 等。以下就 Revit 与 CAD 软件间的协作注意事项展开讨论。

1. Revit 与 CAD 协作标准

为了便于软件间互相协作，需要在 Revit 中加载 CAD 线型设置，建议加载 CAD 线型库文件。线型设置中的 ACAD.LIN 用文本打开的方式可对其编辑，其中包含了大部分常用的线型设置，然后在项目里映射线型，如图 4.88 所示。

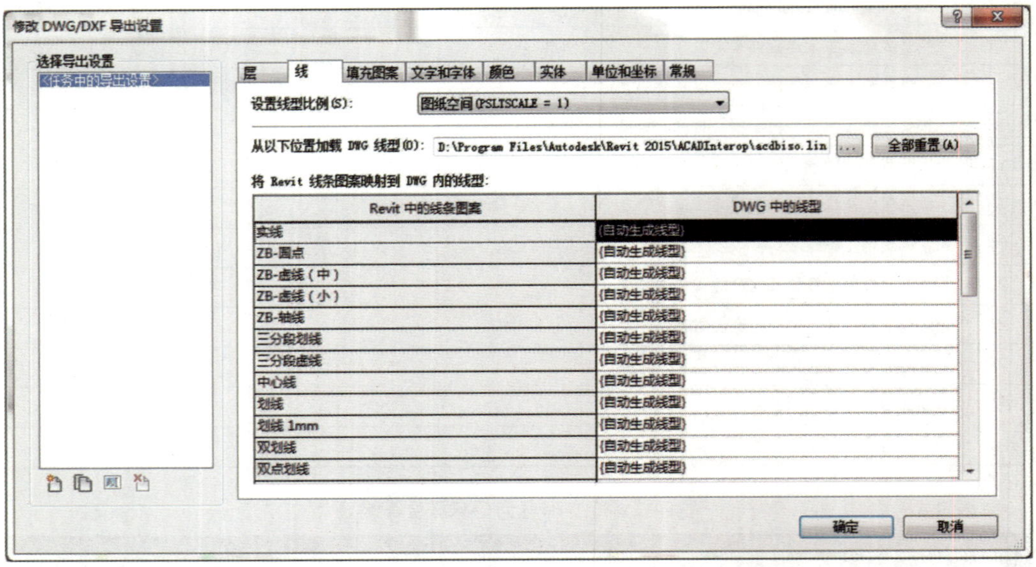

图 4.88　导出图纸时映射线型

CAD 方案文件导入 REVIT：将 CAD 文件进行整理，按照平面层分开，每一层平面作为一个文件保存，然后打开 Revit 项目文件，按层链接相应的 CAD 文件。

Revit 与其他专业互提 CAD 条件：Revit 将建筑各层平面图导至事先建好的文件夹中，新建 CAD 文件，其中单独绘制该项目的轴网，作为独立轴网文件；新建 CAD 文件，其中放置各平面图纸框，将各平面文件和轴网文件作为参照文件导入其中，然后将平面图中尺寸标注和轴网隐去，作为基础文件。各专业设计人员分别将该 CAD 文件复制到本专业文件夹中，并重新命名，进行各专业的图纸设计。在将 Revit 文件导出为 CAD 文件时，需要注意在导出设置中，要对文件中各种类别的导出颜色和图层进行相应的设置，以方便其他专业设计人员编辑导出的 CAD 文件（图 4.89）。

各专业 CAD 文件向 Revit 文件提条件：其他专业设计人员为建筑提的条件也是以 CAD 文件来完成，保存在相应的文件夹中。为将这些条件反馈到建筑图中，我们有两种方式：一种是直接打开 CAD 文件，根据文件中的各种标注，在 Revit 文件中直接绘制完成各专业条件；另一种是将 CAD 文件链接（或导入）到 Revit 中，以 CAD 为底图，绘制条件。

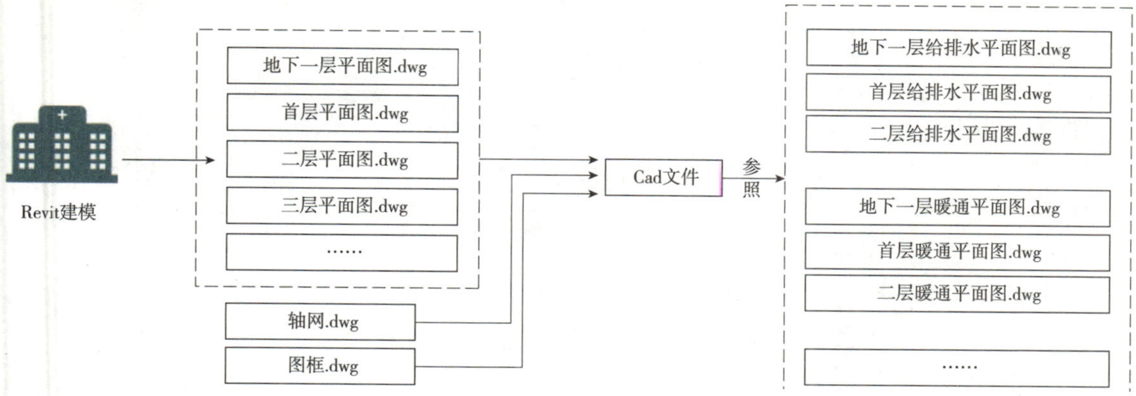

图 4.89 Revit 同 CAD 协作方式

2. Revit 与其他软件协作标准

Revit 与其他软件间导入图元注意事项见表 4.5。

表 4.5 协同软件间导入图元注意事项

	软件	导入方式	格式	说明
Revit	ArchiCAD	直接导出	IFC	导出后保留部分材质类别信息（族内材质无法导出），以及基本属性信息。模型量增大 2~3 倍。链接文件无法导出
Revit	Autodesk Design Review	直接导出	DWF/DWFX	导出后保留 Revit 一切信息，且可导出链接文件
Revit	3d Max	直接导出	FBX	导出后保留三维模型和材质分类信息。可导出链接文件。模型量增大 1~2 倍。必须 3d Max 2012 以上打开
Revit	SketchUp	附加模块（插件）	DAE/DWG	导出后保留材质分类信息
Revit	CAD	直接导出	DWG	导出后为 CAD 文件。在三维视图下可导出三维 CAD 文件
Revit	Navisworks	附加模块（插件）	NWC	NWC 和 NWF 两文件组合使用互相传输文件的时候，两种文件的相对路径不能变
Revit	Ecotect Analysis	直接导出	gbXML/DXF	DXF 文件适合做光环境分析、阴影遮挡分析，可适度分析
				gbXML 文件适合做热环境、光环境、声环境、资源消耗量、环境影响和太阳辐射分析等
				DXF 的信息量大于 gbXML 的信息量
Revit	Excel	直接导出	TXT	适用于导出明细表，默认设置即可
Rhino	Revit	直接导出	ACIS(*.sat)	导入 Revit 时同导入 CAD（或链接 CAD 有两种模式为），文件类型选择 ACIS 的 SAT 文件（*.sat）。定位同 Rhino 建模时定位，根据需要标高放置

4.2.2.4 输出标准

1. 关于制图标准的相关设置

启动项目后，对象样式中的相关构件的设置按企业规范设置线颜色和线宽，并按所绘制的视图性质应用相应的视图样板（图 4.90）。

2. 项目样板使用标准

在使用项目样板前可设置 Revit 默认项目样板路径，单击 Revit 软件图标，打开“选项”，选择“文件位置”，设置默认项目样板文件的位置（图 4.91）。

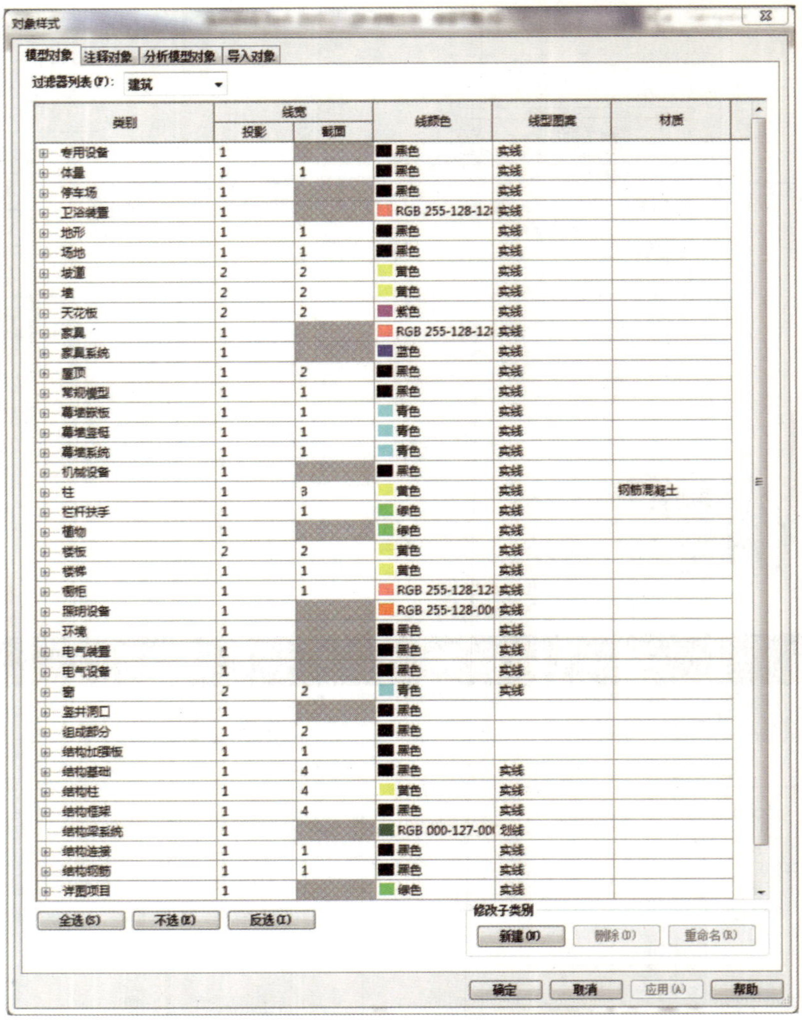

图 4.90 Revit 对象样式设置

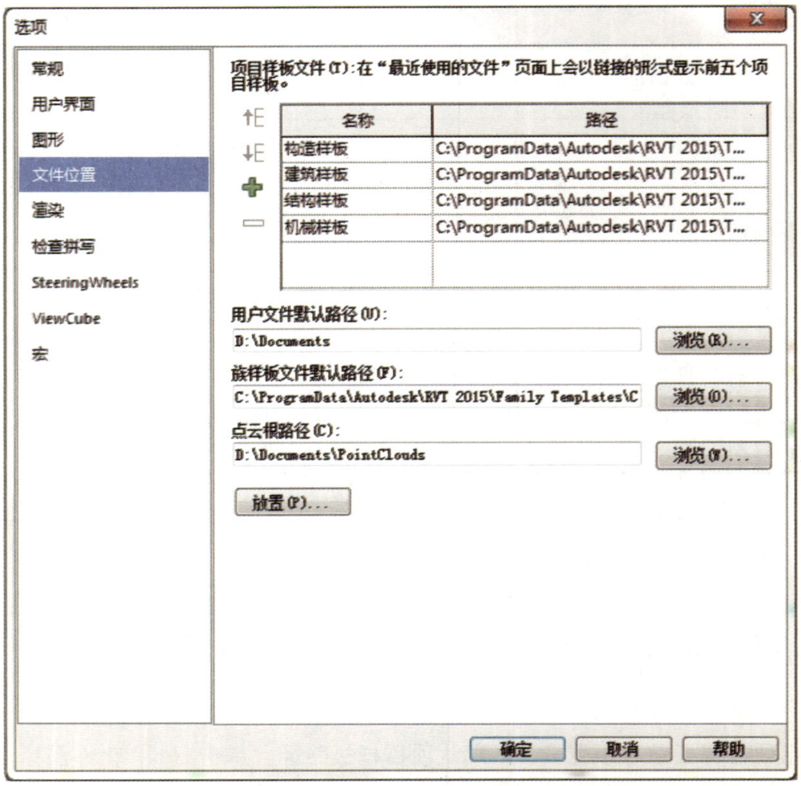

图 4.91 Revit 默认文件位置设置

4.3 交付标准

企业级室内BIM交付物一般可分为基础交付物、合同交付物、特定交付物，在设计内容上需要达到一定的深度。室内BIM交付物的深度基本要求，可参考北京市地方标准《民用建筑信息模型设计标准》(DB11/T 1069—2014)。深度原则一般分为1级组件——概念、2级组件——定义、3级组件——渲染（图4.92）。

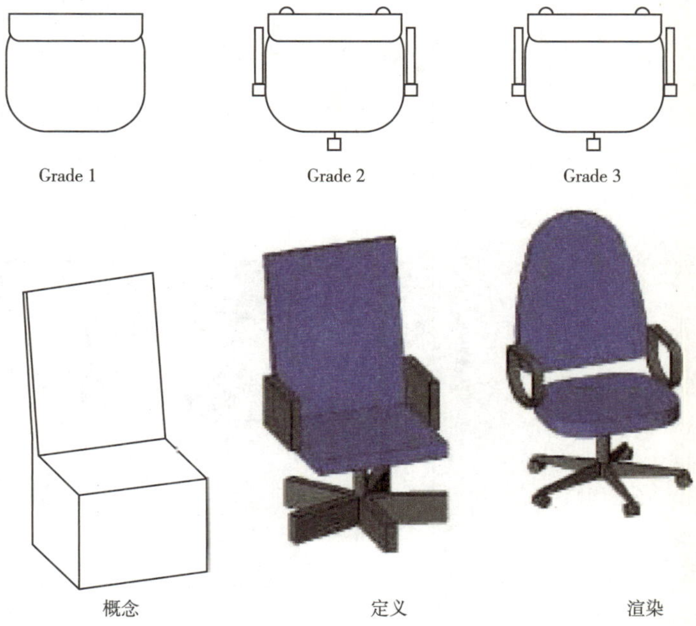

图4.92 Revit交付物深度要求

交付物应满足以下要求：

（1）设计单位应保证交付物的准确性。

（2）交付物应保证几何信息和非几何信息能够有效传递。

（3）合同交付物中的图纸和信息表格宜由BIM模型生成。

（4）合同交付物中的信息表格内容应与BIM模型中的信息一致。

（5）合同交付物应满足合同中的相关深度要求。

（6）特定交付物包括工程建设行政审批管理所需要的基本信息。

（7）特定交付物包含的基本信息应根据工程建设行政审批和管理单位的规定，统一信息内容和交付形式，形成信息表格。

（8）特定交付物中的其他相关信息可通过补充说明、用户自定义的方式添加。

4.3.1 二维图纸（施工图）

在BIM环境下可以直接生成二维施工图纸，过程如图4.93所示。

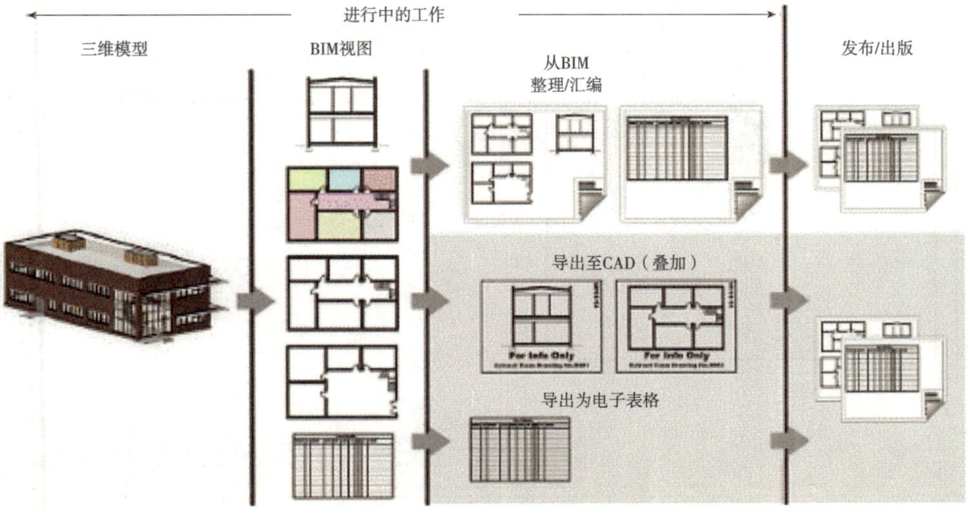

图4.93 Revit二维图纸导出过程示意

4.3.1.1 二维输出准备

根据项目需要，为施工文档中的图纸进行以下二维出图准备。

（1）将 Revit 文件以 DWG 格式输出时，可根据项目样板中的企业标准设定直接出图，也可根据需要，通过修改对象样式中的相关构件，设置 RGB 颜色和线宽，以方便下游专业的设计人员进行编辑。

（2）导出 CAD 格式 DWG 文件的具体步骤：点击文件图标→导出→ CAD 格式→ DWG 文件（图 4.94）→导出设置→根据标准加载图层→ ZB_ 导出图层设置→选择要导出的视图或图纸（图 4.95）。

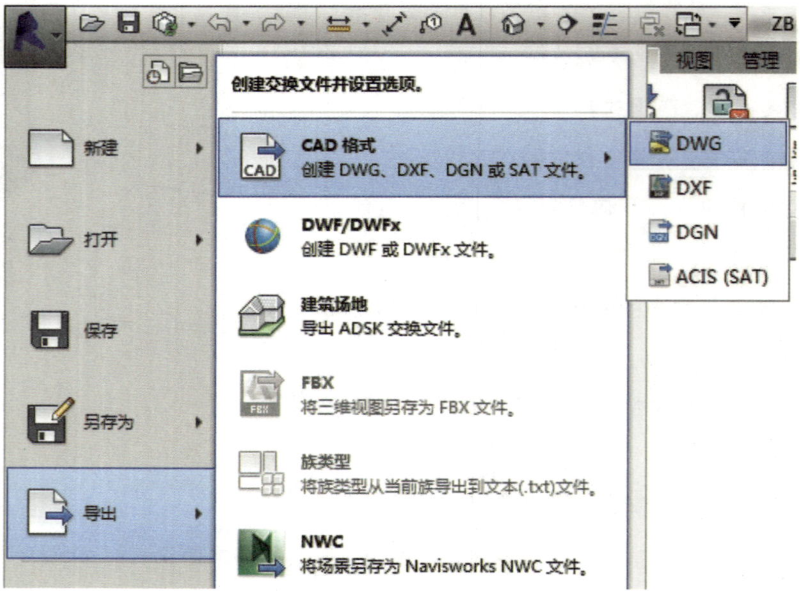

图 4.94 Revit 导出 DWG 工具调用

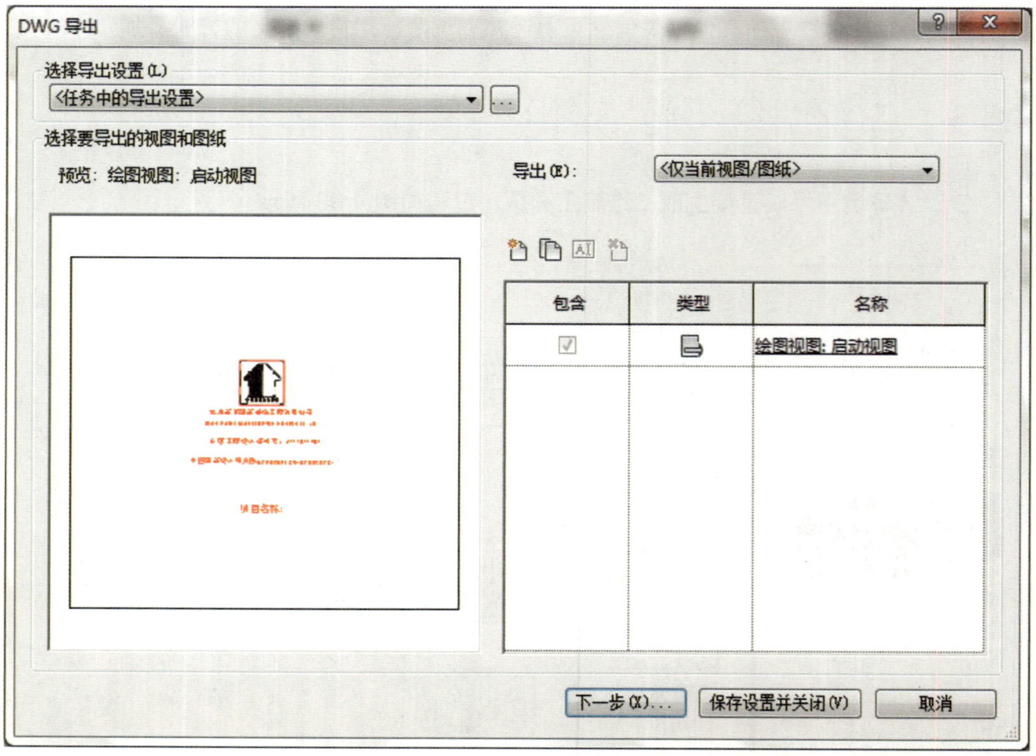

图 4.95 Revit 导出 DWG 选择导出图纸或视图

保存之前，检查“作为外部参照导出”按钮，应取消勾选，同时指定命名长短（图 4.96）。

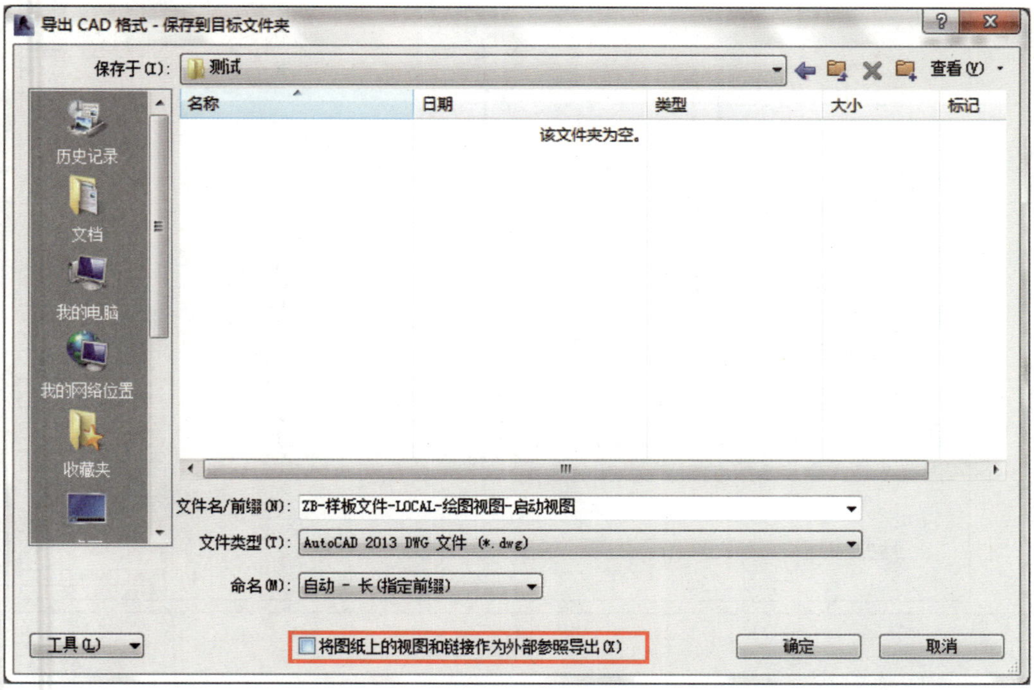

图 4.96 Revit 导出 DWG 设置

（3）安装 PDF 打印机，PDF 导出时的对象样式默认项目样板中的设置。

1）可以将多个图纸合并到一个文件，也可创建单独文件。

2）打印时点击属性可编辑打印时的横纵向、黑白彩色等设置。

3）打印范围中的当前窗口是指当前打开窗口中所能看到的部分；当前窗口可见部分是指当前打开窗口的裁剪框以内的范围；所选视图图纸是指按照选择的视图或图纸的比例设置打印。

4）当打印 PDF 文件没有所需要的页面大小时（如 A0）可以在打印机属性中页面大小选项中选择添加，设置相应的宽度与高度。

4.3.1.2 二维输出标准

二维输出需要满足以下出图标准：系统目录清晰准确，图纸比例适中，会签栏信息完整，图名图号准确，尺寸标注详细准确，图纸组合内容合理（图 4.97）。

图纸输出原则如下：

（1）应该根据图纸的用途来确定图纸中应包含哪些设计信息，不要包含多余的信息。

（2）为了最大限度地提高效率，应在不损害质量和完整性的情况下尽可能地降低详细度。

（3）以合乎逻辑的方式对其进行组织。

（4）随着设计的不断演进和修改，务必避免视图重复，以保持其完整性。

（5）充分利用国家及地方标准图集，减少建模工作量。

（6）在向外部机构提交 BIM 数据时，由于可能被修改，应随附一项免责声明：“此信息仅供参考”，不对这些数据及其后续的使用承担责任。

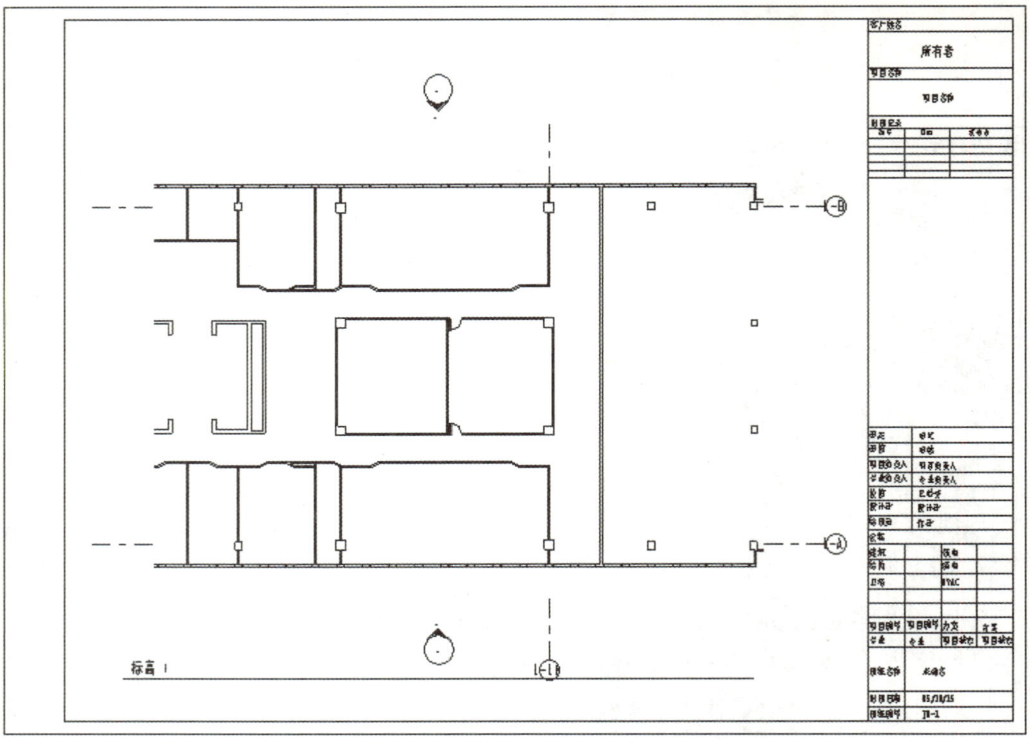

图 4.97 二维输出标准示意

4.3.2 三维模型

三维交付物的输出主要用于深化设计、施工现场指导、物业管理等方面的使用。3ds Max 文件输出可分为 DWG 和 FBX 两种形式。

4.3.2.1 导出 DWG 格式

导出→ CAD 格式→ DWG 文件→ DWG 属性→导出为 ACIS 实体（图 4.98）。文件保存的名称为英文或阿拉伯数字，保存路径也须为英文或数字。如出现中文，则无法正常导入。打开 3ds Max 选择“参考”→“文件链接管理器”（图 4.99）。

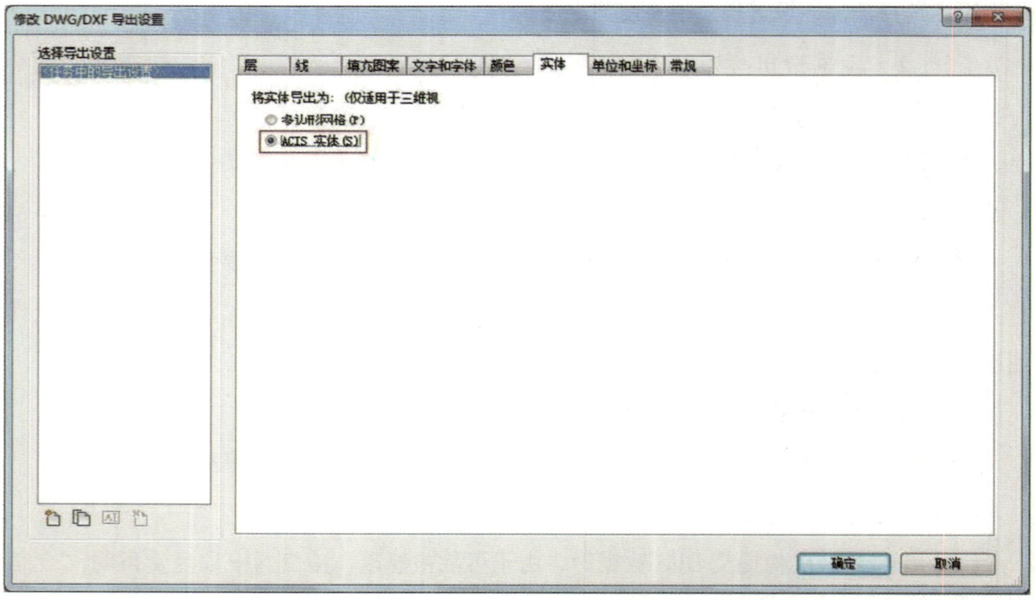

图 4.98 导出 DWG 格式，导出设置实体选择 ACIS 格式

图 4.99　3ds Max“参考—管理链接”工具

在出现的文本框中单击“附加”→“文件”，打开刚保存的 DWG 文件，在“预设”中选“Revit”，单击“附加该文件”。下面的进度调会显示目前导入的进度（图 4.100）。

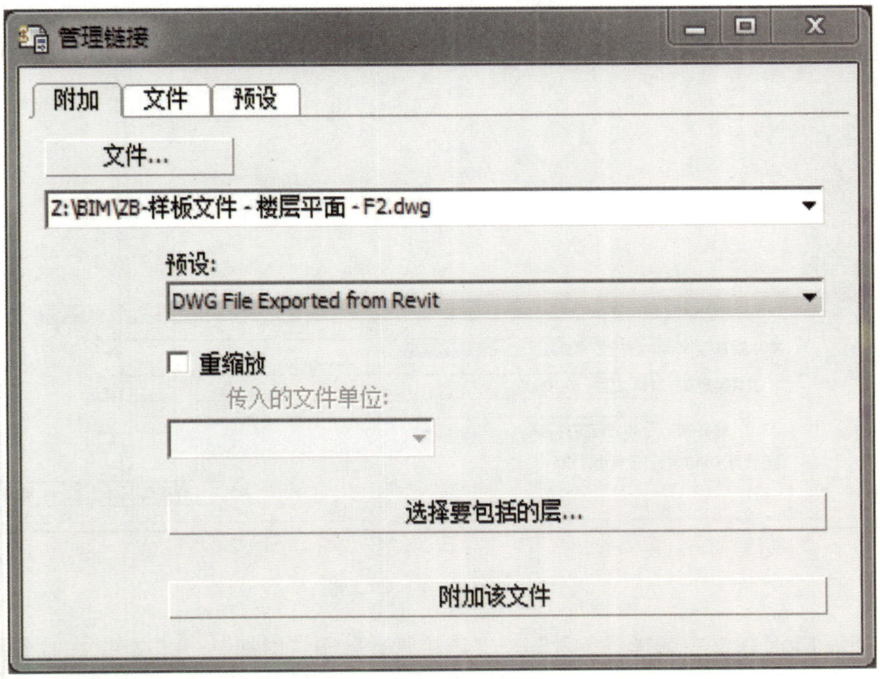

图 4.100　3ds Max“管理链接”设置

4.3.2.2 导出 FBX 格式

“导出”→“FBX”（须在三维视图下才能导出 FBX 文件），命令调用界面如图 4.101 所示。

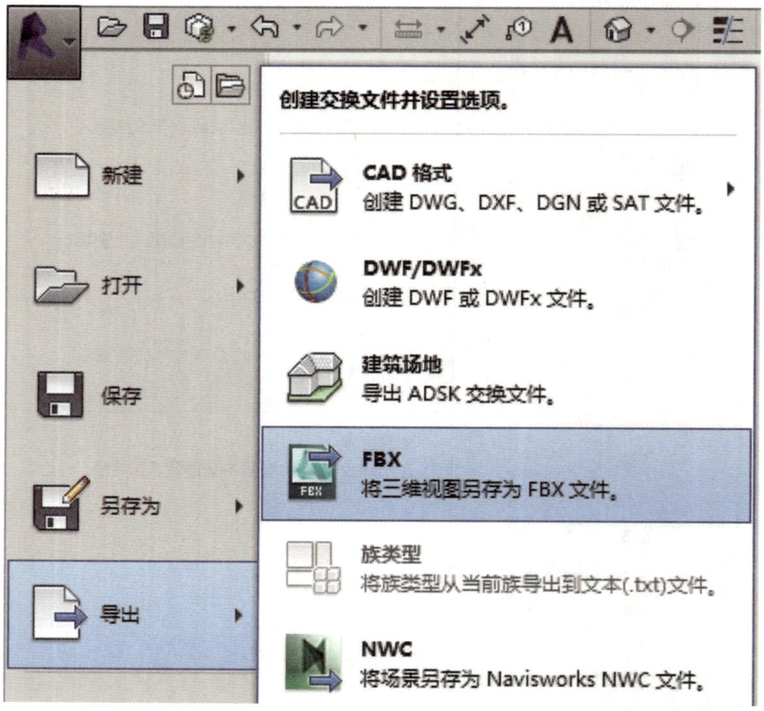

图 4.101 Revit 导出 FBX 格式文件命令调用

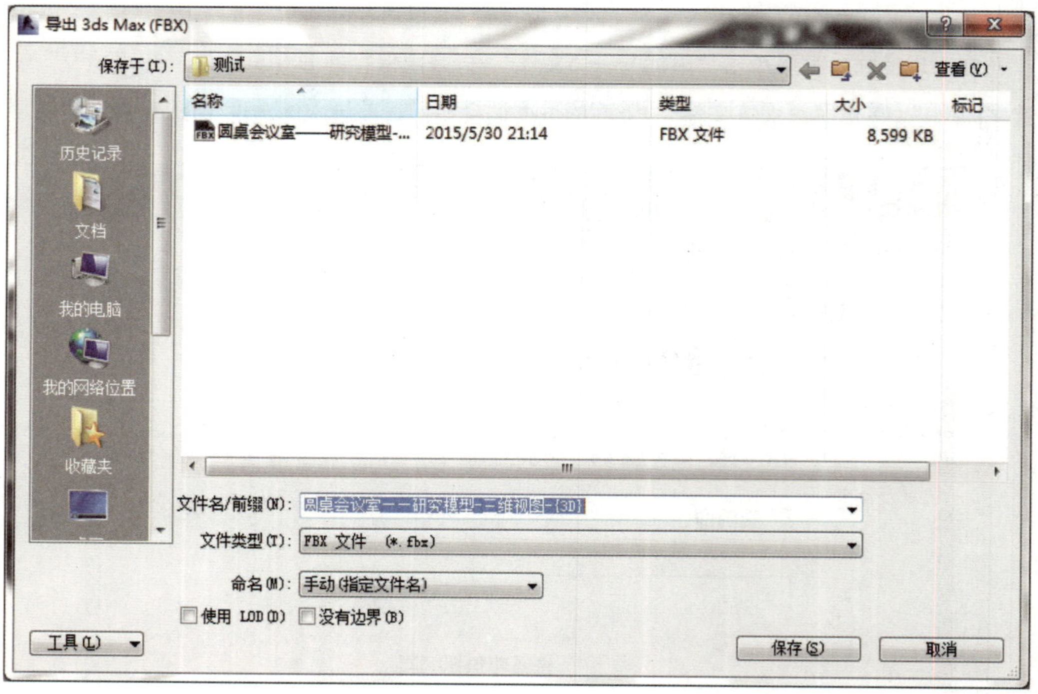

图 4.102 Revit 导出 FBX 文件

在 3ds Max 软件中选择“参考”→“链接管理”→“附加”→“文件”，找到刚保存的 FBX 文件，预设选择“Revit FBX”，单击“附加该文件”。

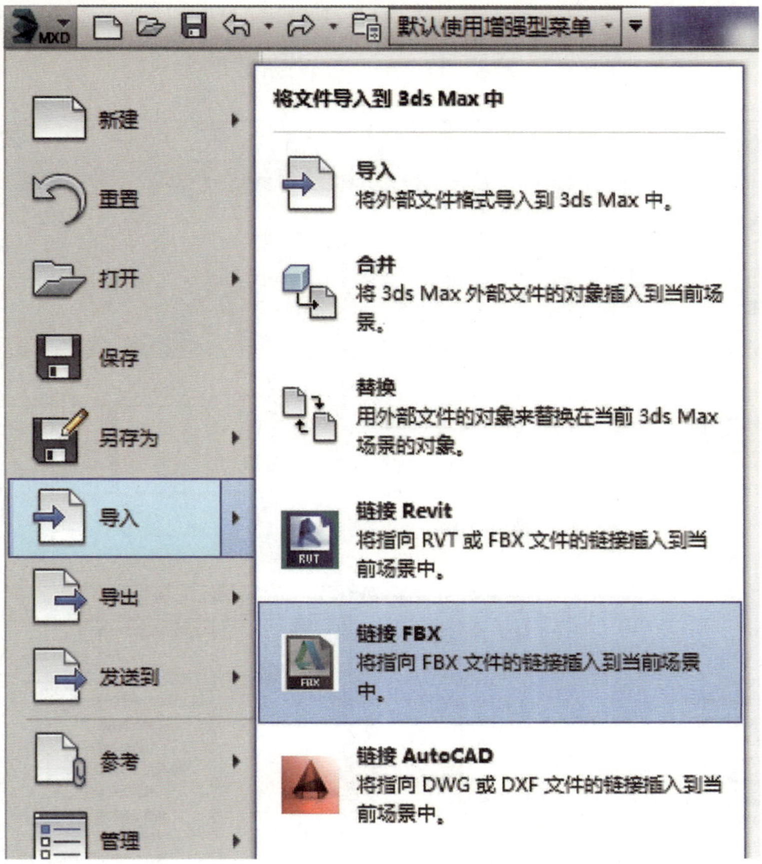

图 4.103　3ds Max 链接 FBX 文件命令调用

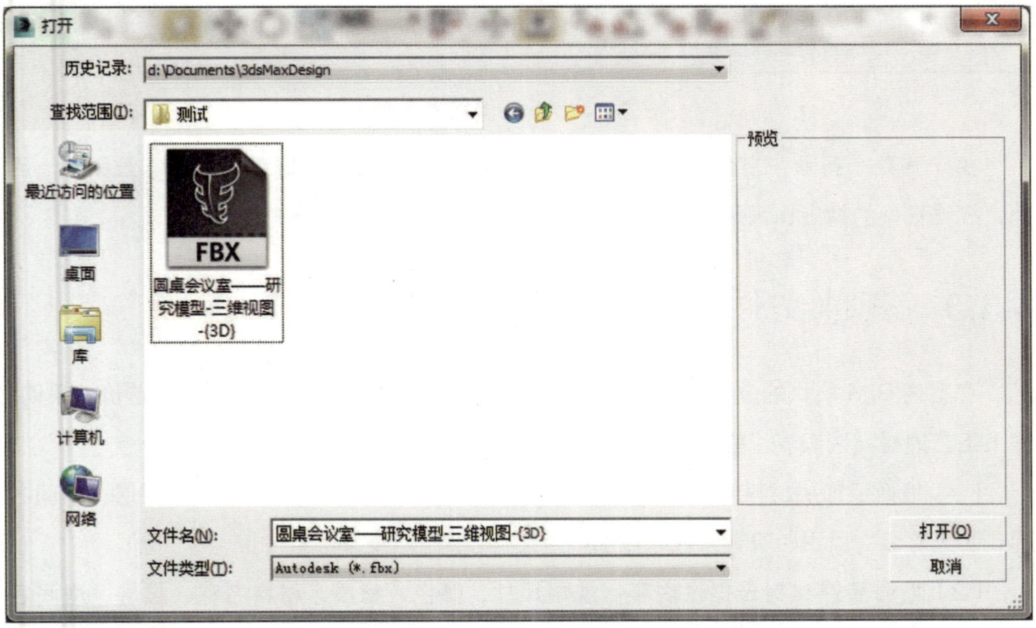

图 4.104　3ds Max 链接 FBX 文件对话框

4.3.2.3　Navisworks 导出

在安装 Revit 之后安装 Navisworks 时，会在 Revit 中生成附加模块导出器（图 4.105），导出 NWC 时要注意在三维视图中将 CAD 删除。导出时可以选择“同时导出链接文件”。导出后如需要保存 NV 文件，需注意生成的 nwf 文件与源文件的相对路径不可改变。导出设置：“转换链接文件”按钮勾选时导出的模型含链接模型；“导出房间为几何图形”按钮勾选后，导出的模型中的房间部分，以实体的形式存在（图 4.106）。

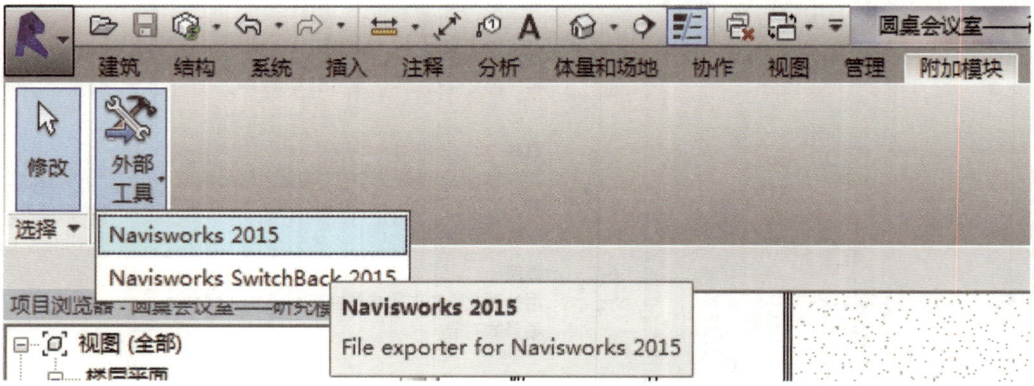

图 4.105 Revit 中生成的附加模块导出器

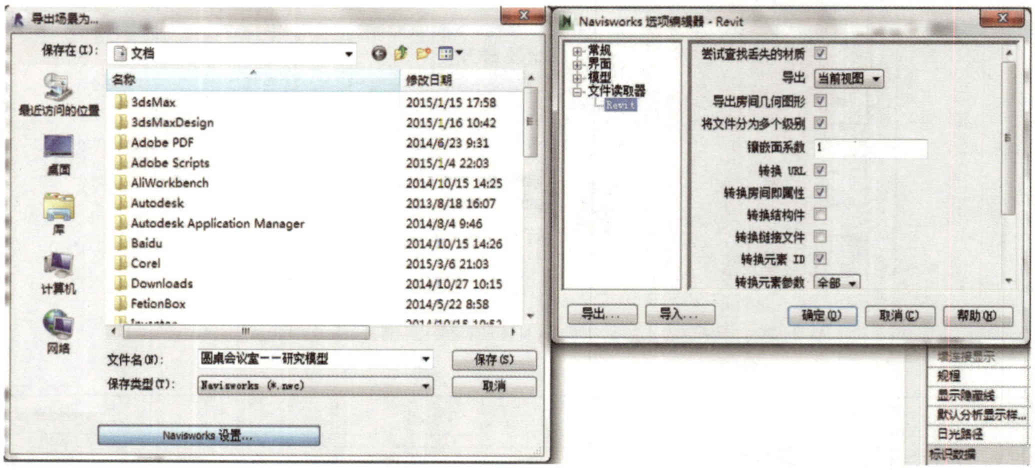

图 4.106 Revit 导出 NWC 文件

由于在整个行业当前的 BIM 应用水平下，合同规定的交付材料一般是二维图纸。因此，三维模型的输出，满足企业内归档要求即可。

4.3.3 其他文件（材料明细表）

在室内 BIM 项目的过程中，可根据交付物深度或合同要求，交付可配合造价、采购、施工工艺的材料明细表。室内 BIM 的造价明细表可根据界面分为以下几种。

（1）墙面装饰层材料表提供内容：规格尺寸、颜色、材质、材料名称、楼层、房间名称、防火等级、面积、吸音系数、底部限定条件、施工工艺等。

（2）地面装饰材料表提供内容：规格尺寸、颜色、材质、材料名称、楼层、房间名称、防火等级、面积、防滑等级、施工工艺等。

（3）天花装饰材料表提供内容：规格尺寸、颜色、材质、材料名称、楼层、房间名称、防火等级、面积、吸音系数、配套构件尺寸等（图 4.107）。

（4）门窗明细表提供内容：标高、规格尺寸、名称、编号、数量、洞口尺寸、材质、五金配件等（图 4.108）。

<天花板明细表>			
A	B	C	D
标高	类型	自标高的高度偏移	面积
B1	100厚天花板	3800	2.78
B1	100厚天花板	3800	2.92
F1	100厚天花板	3800	7.21
F1	100厚天花板	3800	7.03
F2	100厚天花板	2900	10.80
F2	100厚天花板	2900	11.08
F5	100厚天花板	2800	2.14
B1	B1 多功能厅 白色吸音涂料	4300	211.86
B1	B1 暴露顶棚白色乳胶漆	4341	932.12
B1	B1 暴露顶棚白色乳胶漆	4341	888.84
B1	B1 淋浴室 铝扣板 2400	2400	36.17
F1	F1 值班室预留办公备用间 高晶天花板	3400	52.00
F1	F1 卫生间 双层脱硫防水石膏板白色乳胶漆 2750-2900	2750	0.57
F1	F1 卫生间 双层脱硫防水石膏板白色乳胶漆 2900	2900	3.97
F1	F1 卫生间残卫 双层防水脱硫石膏板白色乳胶漆 2700	2700	49.15
F1	F1 大堂天花板高差封口	3450	0.08
F1	F1 大堂天花板高差封口	3450	0.08
F1	F1 大堂天花板高差封口	3450	0.07
F1	F1 大堂天花板高差封口	3450	0.07
F1	F1 大堂天花板高差封口	3450	0.08
F1	F1 大堂天花板高差封口	3450	0.08
F1	F1 大堂天花板高差封口	3450	0.12
F1	F1 大堂天花板高差封口	3450	0.12
F1	F1 大堂天花板高差封口	3450	0.07
F1	F1 大堂天花板高差封口	3450	0.07
F1	F1 大堂天花板高差封口	3450	0.08
F1	F1 大堂走道 双层脱硫石膏板白色乳胶漆 3400	3400	400.38
F1	F1 大堂轨道	3300	0.15
F1	F1 大堂轨道	3300	0.15
F1	F1 大堂轨道	3300	0.25

图 4.107 Revit 天花板明细表

<门明细表>						
A	B	C	D	E	F	G
标高	族	类型	宽度	高度	合计	面积
B1	单扇平开木门1	单扇门 1000x2100	1000	2100	6	
B1	双扇平开木门 1	双扇门 1500 x 2100	1500	2100	11	
F1	单扇平开木门1	BLM1024-1	1000	2100	2	
F1	双扇平开玻璃门	F1 入口大堂 双扇平开玻璃门 1500 x 2400	1500	2400	4	
F1	单扇平开木门1	FM1021	1000	2100	1	
F1	单扇平开木门1	FM1021-甲	1000	2100	1	
F1	子母门	FM1221-甲	1200	2100	2	
F1	双扇平开木门 1	FM1521-乙	1500	2100	2	
F1	双扇平开木门 1	FM1521-甲	1500	2100	5	
F1	单扇平开木门1	MM0621	600	2100	1	
F1	单扇平开木门1	MM0921	900	2100	3	
F1	单扇平开木门1	MM1021-1	1000	2100	1	
F1	单扇平开木门1	MM1021-2	1000	2100	1	
F1	旋转门1	入口大堂 旋转门 3800 x 2800	3800	2800	1	
F1	双扇平开木门 1	北立面双扇门 1800 x 2800	1800	2800	3	
F1	单扇平开木门1	单扇门 700x2100	700	2100	4	
F1	单扇平开木门1	单扇门 1000x2100	1000	2100	4	
F1	双扇平开木门 1	双扇门 1200 x 2100	1200	2100	1	
F1	双扇平开木门 1	双扇门 1500 x 2100	1500	2100	4	
F1	双扇平开木门 1	双扇门 2400 x 2100	2400	2100	1	
F2	单扇现代门4	900x2100 mm	900	2100	2	
F2	子母门	1200 x 2100mm	1200	2100	2	
F2	双扇平开木门 1	1500 x 2100 mm	1500	2100	3	
F2	单扇无框玻璃门	会议室单扇玻璃门 1000x2400	1000	2400	2	
F2	双扇推拉门7-带	北立面楼梯间门 1200 x 2400mm	1200	2400	2	
F2	单扇无框玻璃门	单扇玻璃门 1000x2100	1000	2100	4	
F2	单扇平开木门1	单扇门 1000x2100	1000	2100	10	
F2	单扇防火门	单扇防火门 600x2100	600	2100	1	
F2	双扇平开木门 1	双扇门 1500 x 2100	1500	2100	5	
F2	双扇平开木门 1	双扇门 1500 x 2100 mm	1500	2100	3	

图 4.108 Revit 门明细表

（5）灯具明细表提供内容：标高、规格尺寸、名称、编号、数量、光源、功率、配光角度、色温、光通量等。

<灯具明细表>

A	B	C	D	E	F	G	H	I
族	标高	类型	初始色温	灯	瓦特备注	说明	灯罩材质	合计
成品灯具2	B1	B1 健康体检室 成品灯具2	4000 K	T5直形日光灯管	3X14W	规格尺寸600X60	白色亚克力	6
壁灯	B1	B1 走道 壁灯	4000 K	T5直形日光灯管	18W			16
成品灯具1	B1	B1值班人员宿舍 成品灯具1	4000 K	T5直形日光灯	2x28W	规格尺寸180x12	白色烤漆钢板	8
成品灯具1	B1	B1健身房 成品灯具1	4000 K	T5直形日光灯	2x28W	规格尺寸180x12	白色烤漆钢板	20
成品灯具1	B1	B1司机保安保洁室 成品灯具	4000 K	T5直形日光灯	2x28W	规格尺寸180x12	白色烤漆钢板	6
成品灯具1	B1	B1多功能厅 成品灯具1	4000 K	T5直形日光灯	2x28W	规格尺寸180x12	白色烤漆钢板	40
成品灯具3	B1	B1多功能室前厅 成品灯具3	4000 K	TL5C2G*13	40W	规格尺寸 直径4	金属，磨砂玻璃	8
成品灯具1	B1	B1实验室 成品灯具1	4000 K	T5直形日光灯	2x28W	规格尺寸180x12	白色烤漆钢板	15
成品灯具1	B1	B1库房 成品灯具1	4000 K	T5直形日光灯	2x28W	规格尺寸180x12	白色烤漆钢板	15
防水筒灯	B1	B1淋浴间防水筒灯	2800 K	紧凑型节能灯管	18W	规格尺寸直径15	亚光铝表面白色烤	12
筒灯	F1	F1 HR面试室 筒灯	4000 K	紧凑型节能灯管	18W	规格尺寸直径12	亚光铝表面白色烤	4
壁灯	F1	F1 休憩室 壁灯	4000 K	T5直形日光灯管	18W			2
成品灯具2	F1	F1 值班室预留办公 成品灯	4000 K	T5直形日光灯管	3X14W	规格尺寸600X60	白色亚克力	7
轨道射灯1	F1	F1 入口大堂 轨道射灯1	3300 K	LED	14W	规格尺寸130X13	亚光铝表面白色烤	16
轨道射灯2	F1	F1 入口大堂 轨道射灯2	4000 K	LED	20W	规格尺寸直径15	亚光铝表面白色烤	23
射灯	F1	F1 卫生间 射灯		LED	35W	规格尺寸直径80	亚光铝表面白色烤	8
成品灯具2	F1	F1 备用间 成品灯具2	4000 K	T5直形日光灯管	3X14W	规格尺寸600X60	白色亚克力	4
壁灯		F1 走道 壁灯	4000 K	T5直形日光灯管	18W			10
方形筒灯	F1	F1 走道 方形筒灯	4000 K	LED	20W	规格尺寸200X20	亚光铝表面白色烤	34
防水筒灯	F1	F1卫生间防水筒灯	2800 K	紧凑型节能灯管	18W	规格尺寸直径15	亚光铝表面白色烤	6
吸顶灯	F1	F1备用间 吸顶灯	5600 K	节能灯管（环形	22W	规格尺寸直径30	白色亚克力	1
成品灯具1	F1	F1库房 成品灯具1	4000 K	T5直形日光灯	2x28W	规格尺寸180x12	白色烤漆钢板	4
防水筒灯	F1	F1残卫 防水筒灯	2800 K	紧凑型节能灯管	18W	规格尺寸直径15	亚光铝表面白色烤	1
成品灯具1	F1	F1物料库房 成品灯具1	4000 K	T5直形日光灯	2x28W	规格尺寸180x12	白色烤漆钢板	32
LED灯带	F2	F2 1#冥想室 LED灯带	4000 K	LED	见选样	规格尺寸见选样		443
异形灯具	F2	F2 1#冥想室 异形灯具	4800 K					6
成品灯具4	F2	F2 2#3#会议室 成品灯具4	4000 K	T5直形日光灯管	2x28W	规格尺寸 300x1	白色烤漆钢板	12
筒灯	F2	F2 2#3#会议室 筒灯	4000 K	紧凑型节能灯管	18W	规格尺寸直径12	亚光铝表面白色烤	16
成品灯具4	F2	F2 5#6#7#会议室 成品灯具4	4000 K	T5直形日光灯管	2x28W	规格尺寸 300x1	白色烤漆钢板	8
成品灯具5	F2	F2 5#6#7#会议室 成品灯具5	4000 K	T5直形日光的灯	1x28W	规格尺寸100x12	白色烤漆钢板	6

图 4.109 Revit 灯具明细表

（6）家具明细表提供内容：规格尺寸、名称、编号、数量、房间名称等（图 4.110）。

<家具明细表>

A	B	C	D
族	标高	类型	合计
书柜7	B1	B1值班室成品组合柜（高） 600x60	6
桌9	B1	地下一层值班人员宿舍办公桌 700x1	2
转椅9	B1	地下一层值班人员宿舍办公椅	2
床3	B1	地下一层值班人员宿舍单人床 1200x	4
书柜7	B1	地下一层值班人员宿舍成品组合柜（	2
转椅9	B1	地下一层司机保安室座椅	6
桌9	B1	地下一层司机保安室成品办公桌 700	6
桌子-矩形	F1	800x3000	1
办公桌带抽屉2	F1	1525 x 762 mm	6
一层大堂吧台	F1	F1 大厅吧台	1
MF1 HR面试家	F1	MF1 HR面试家具	1
转椅9	F1	一层HR面试办公椅	3
转椅9	F1	一层值班室办公椅	1
床3	F1	一层值班室单人床 1200x2000	1
桌14	F1	一层值班室床头柜 500x500	1
桌9	F1	一层值班室成品办公桌（领导区） 7	1
书柜7	F1	一层值班室成品组合柜（高） 600x7	8
椅子18	F1	一层前台椅 直径480x580	1
一层大堂显示屏	F1	一层大堂显示屏	1
转椅9	F1	二层经理室办公椅	2
桌9	F1	二层经理室成品办公桌 750x1800	2
书柜7	F1	成品组合柜（机房柜） 400x2000	27
椅子6	F1	茶桌椅 500x600	28
桌子-圆形	F1	茶桌（大堂区） 直径800	8
扶手椅2	F2	2#会议室座椅570x670	4
边桌1	F2	2#会议室正方形会议桌 800x800	1
桌10	F2	3#会议室会议桌 1600x3200	1
扶手椅2	F2	3#会议室座椅 570x670	12
扶手椅2	F2	5#会议室座椅 570x670	8
桌10	F2	5#会议室矩形会议桌 1500x1800	1

图 4.110 Revit 家具明细表

（7）洁具明细表土工内容：规格尺寸、名称、编号、数量、房间名称等（图 4.111）。

<卫浴装置明细表>

A	B	C	D
所在楼层	名称	规格	合计
	M_小便器 - 壁挂式: 25 mm 冲洗阀	25 mm 冲洗阀	2
B1	台盆-多个 3D: 台式洗脸盆 600x180	台式洗脸盆 60	2
标高 1	M_坐便器 - 冲洗箱: 专用 - 6.1 Lp	专用 - 6.1 L	4
标高 1	M_小便器 - 壁挂式: 25 mm 冲洗阀	25 mm 冲洗阀	3
F4	M_坐便器 - 冲洗箱: 专用 - 6.1 Lp	专用 - 6.1 L	8
F4	M_污水池 - 转角: 610 mm	610 mm	1
F4	台盆-多个 3D: 台式洗脸盆 600x180	台式洗脸盆 60	2
总计: 22			

图 4.111　Revit 洁具明细表

附录1
专业术语*

1. 建筑信息模型（Building Information Modeling）

建筑信息模型即 BIM，是指创建并利用数字化模型对建设工程项目的设计、建造和运营全过程进行管理和优化的过程、方法和技术。

2. BIM 模型（BIM model）

BIM 模型是指基于 BIM 所产生的数字化建筑模型。BIM 模型的信息由几何信息和非几何属性信息两部分组成。

3. 建模软件（Modeling software）

建模软件是指用于创建 BIM 模型的软件，应具备三维数字化建模、非几何信息录入、多专业协同设计、二维图纸生成等基本功能。

4. BIM 模型资源（BIM model resources）

BIM 模型资源一般是指在 BIM 实施过程中开发、积累并经过加工处理，形成可重复利用的 BIM 模型及其构件的总称。

5. 交付物（Deliverables）

交付物是指在建筑设计工作中，应用 BIM 并按照一定设计流程所产生的设计交付成果，包括建筑、结构、机电等多种 BIM 模型和与之对应的图纸、工程表格，以及综合协调、模拟分析、可视化等成果文件。

6. 合同交付物（Contractual deliverables）

合同交付物是指设计单位依据甲方设计需求并以合同为依据形成的与 BIM 相关的交付物。

7. 特定交付物（Specific deliverables）

特定交付物是工程建设审批和管理的特定要求的交付物。

8. 构件（BIM component）

构件是指构成 BIM 模型的基本对象或组件。

* 摘自北京市地方标准《民用建筑信息模型设计标准》（DB11/T 1069—2014）。

9. 构件资源库（BIM component library）

构件资源库是指在 BIM 实施过程中开发、积累并经过加工处理，形成可重复利用的构件的集合。

10. BIM 协同平台（BIM-based collaboration platform）

BIM 协同平台是指企业建立的多专业、多参与方间的协同工作的软硬件环境。

11. BIM 模型深度（BIM model depth）

BIM 模型深度是指模型中信息的详细程度，包括几何信息深度和非几何信息深度。

附录2
主要BIM应用软件

一、BIM 核心建模软件

序号 NO.	软件商 Vendor	软件名称 Software Name	软件的主要功能 Major Function Description
1	欧特克 Autodesk	Revit	建筑、结构和机电专业的集成设计软件。适用于参数化建模、冲突检测、出图、报表生成，数据库支持、云端分析，支持多团队多专业的协同设计，API 应用开发
2		Civil 3D	土木工程设计软件，用于交通运输、土地开发和水利项目等基础设施领域的设计与文档编制
3	Bentley	AECOsim Building Designer	面向 BIM 的建筑、结构、建筑设备及建筑电气分专业三维设计模块（软件），其中建筑设备涵盖了暖通、给水排水及其他低压管道的设计功能。可完成各专业从模型创建、图纸输出、统计报表、碰撞检测、数据输出等工作
4	Nemetschek Graphisoft	ArchiCAD	使用 Graphisoft ArchiCAD 的 BIM 方法，建筑师可以充满信心地探索设计思路，知道所有的文件的每一个细节都是被同步的。Graphisoft 持续创新解决方案，例如具有革命性的 Graphisoft BIM Server——全球实时协同的平台。Open BIM 设计合作提供智能的、基于模型的工作流的成员之间的扩展设计，使团队与建筑师在建设过程中使用 ArchiCAD 产生更大的效率
5		Allplan	Allplan 是以建筑家和工程师为目标指向的设计软件。在所有项目的阶段，一边制作建筑、结构的模型，边可同时计算关于量和成本的信息。根据项目的阶段或类型，具有 2D 制图和 3D 建模切换的特征，由此，2D 和 3D 两方面可以随时使用最适合的方法。Allplan 在相关者之间，可以没有错误地进行数据的传递，按照日程安排低成本地进行建筑的设计、建设
6		Vectorworks	Vectorworks 提供了许多精简但强大的建筑及产品工业设计所需的工具模组；在建筑设计、景观设计、舞台及灯光设计、机械设计及渲染等方面拥有专业化性能。利用它可以设计、显现及制作针对各种大小的项目的详细计划。使用界面非常接近许向量图绘图软件工具，但其可运用的范围却更广泛
7	Gery Technology Dassault	Digital Project	提供设计和查看大型项目模型的 BIM 和管理工具。Digital Project 软件提供嵌入活链接信息的功能，支持参数化建模、设计审查、4D 规划、复杂装配设计和编程开发等功能。附加功能提供了高分辨率渲染和动画
8		CATIA	模块化的 CATIA 系列产品提供产品的风格和外形设计、机械设计、设备与系统工程、管理数字样机、机械加工、分析和模拟等功能。CATIA 产品基于开放式可扩展的 V5 架构

二、BIM 方案设计软件

序号 NO.	软件商 Vendor	软件名称 Software Name	软件的主要功能 Major Function Description
1	Onuma	Onuma Planning System	ONUMA System 是基于网络的建筑信息模型（BIM）工具，供建筑、规划、结构、建模、室内设计和业主使用，释放并超越了 BIM 软件桌面工作的能力，是 21 世纪 BIM 网络云计算的典范
2	Serif	Affinity Designer	Affinity Designer 是一款专业的设计绘图工具，适用于苹果操作系统，主要用于矢量图形的绘制，适用于图标、UI 设计、网站设计、宣传素材等图像的制作，具有较强的易用性，操作也十分方便

续表

三、和 BIM 接口的几何造型软件

序号 NO.	软件商 Vendor	软件名称 Software Name	软件的主要功能 Major Function Description
1	Last Software	SketchUp	SketchUp 是一套直接面向设计方案创作过程的设计工具，其创作过程不仅能够充分表达设计师的思想而且完全满足与客户即时交流的需要。它使得设计师可以直接在电脑上进行十分直观的构思，是三维建筑设计方案创作的优秀工具
2	Robert McNeel	Rhino	Rhino 可以广泛地应用于三维动画制作、工业制造、科学研究以及机械设计等领域。它能轻易整合 3ds Max 与 Softimage 的模型功能部分，对要求精细、弹性与复杂的 3D NURBS 模型，有点石成金的效能。它能输出 obj、DXF、IGES、STL、3dm 等不同格式，并适用于几乎所有 3D 软件，尤其对增加整个 3D 工作团队的模型生产力有明显效果
3	AutoDesSys	FormZ	FormZ 是一个备受赞赏、具有很多广泛而独特的 2D/3D 形状处理和雕塑功能的多用途实体和平面建模软件。对于需要经常处理有关 3D 空间和形状的专业人士（例如建筑师、景观建筑师、城市规划师、工程师、动画和插画师、工业和室内设计师）来说是一个有效率的设计工具

四、BIM 可持续（绿色）分析软件

序号 NO.	软件商 Vendor	软件名称 Software Name	软件的主要功能 Major Function Description
1	欧特克 Autodesk	Ecotect	建筑性能分析软件，可进行热工分析、光气象分析、声分析、风环境分析等
2		Green Building Studio	Green Building Studio (GBS) 是 Autodesk 公司的一款基于 Web 的建筑整体能耗、水资源和碳排放的分析工具。在登入其网站并创建基本项目信息后，用户可以用插件将 Revit 等 BIM 软件中的模型导出 gbXML 并上传到 GBS 的服务器上，计算结果将即时显示并可以进行导出和比较。在能耗模拟方面，GBS 使用的是 DOE-2 计算引擎
3	英国 Integrated Environmental Solutions 公司	IES	IES 用来在建筑前期对建筑的光照、太阳能及温度效应进行模拟。其功能类似 Ecotect，可以与 Radianceq 兼容，对室内的照明效果进行可视化的模拟
4	美国能源部（United States Depovrtment of Energy）和劳伦斯－伯克利国家实验室 (Lawrence Berkeley National Laboratory) 共同开发	EnergyPlus	EnergyPlus 模拟建筑的供暖供冷、采光、通风以及能耗和水资源状况。它基于 BLAST 和 DOE-2 提供的一些最常用的分析计算功能，同时，也包括了很多独创模拟能力，例如模拟时间步长低于 1 小时、模组系统、多区域气流、热舒适度、水资源使用、自然通风以及光伏系统等
5	清华大学	DeST	DeST 是建筑环境及 HVAC 系统模拟的软件平台，该平台以清华大学建筑技术科学系环境与设备研究所十余年的科研成果为理论基础，将现代模拟技术和独特的模拟思想运用到建筑环境的模拟和 HVAC 系统的模拟中去，为建筑环境的相关研究和建筑环境的模拟预测、性能评估提供了方便实用可靠的软件工具，为建筑设计及 HVAC 系统的相关研究和系统的模拟预测、性能优化提供了一流的软件工具
6	中国建筑科学研究院工程软件研究所	PKPM	研究所以国家级行业研发中心、规范主编单位、工程质检中心为依托，技术力量雄厚。软件所的主要研发领域集中在建筑设计 CAD 软件、绿色建筑和节能设计软件、工程造价分析软件、施工技术和施工项目管理系统、图形支撑平台、企业和项目信息化管理系统等方面

五、BIM 机电分析软件

序号 NO.	软件商 Vendor	软件名称 Software Name	软件的主要功能 Major Function Description
1	北京理正软件股份有限公司	理正 Revit 管线转图综合工具集	将机电 CAD 图纸通过该软件完成从 DWG 到 Revit 模型的转换，完成拾取线生管线、管线变高、管线打断、管线自动生成连接件，多管标注等
2	北京鸿业同行科技有限公司	HYMEP for Revit 电气设计软件	基于 Revit 的电气专业软件，实现从建模、计算到出图全流程的设计辅助，提供强弱电设备布置与连接，电气系统图、照度计算、负荷计算、标注与统计、族库管理与协同设计功能

续表

序号 NO.	软件商 Vendor	软件名称 Software Name	软件的主要功能 Major Function Description
3	Progman	MagiCAD Electrical	电气系统设计软件，支持 AutoCAD 和 Revit 双平台，支持标准 IFC 格式，含完善的产品数据库、设备自动查找 / 替换、用户自定义产品和二维图标批量入库功能；可进行碰撞检测、材料统计、短路计算、标准平面图纸生成，可自动生成并更新剖面图，快速生成配电盘原理图，并且可以和平面图进行双向更新，具有与照明计算软件的接口（Dialux 插件）

六、BIM 结构分析软件

序号 NO.	软件商 Vendor	软件名称 Software Name	软件的主要功能 Major Function Description
1	中国建筑科学研究院工程软件研究所	PKPM	研究所以国家级行业研发中心、规范主编单位、工程质检中心为依托，技术力量雄厚。软件所的主要研发领域集中在建筑设计 CAD 软件、绿色建筑和节能设计软件、工程造价分析软件、施工技术和施工项目管理系统、图形支撑平台、企业和项目信息化管理系统等方面
2	欧特克 Autodesk	Robot Structual Analysis	结构计算分析软件，利用 Revit 的互操作性简化共享结构分析模型和分析结果，辅助钢结构和钢筋混凝土结构的设计
3	Bentley	STAAD.Pro	结构分析模块（软件），可进行各种设施的钢结构、混凝土结构、木结构、铝结构和冷弯型钢结构设计，符合 10CFR Part 50、10CFR21、ASME NQA-A-2000 标准的核工业认证、时程弹塑性分析和缆索（线性和非线性）分析。STAAD.Pro 还可与 STAAD.foundation 和 ProSteel 等其他 Bentley 产品相集成，实现结构设计阶段的全覆盖
4	CSI 公司	ETABS	ETABS 已经发展成为一个建筑结构分析与设计的集成化环境：系统利用图形化的用户界面来建立一个建筑结构的实体模型对象，通过先进的有限元模型和自定义标准规范接口技术来进行结构分析与设计，实现了精确的计算分析过程和用户可自定义的（选择不同国家和地区）设计规范来进行结构设计工作

七、BIM 可视化软件

序号 NO.	软件商 Vendor	软件名称 Software Name	软件的主要功能 Major Function Description
1	欧特克 Autodesk	3ds Max Design	3ds Max Design 是在建筑效果图和工业制图方面的专业工具，无论是室内建筑装饰效果图，还是室外建筑设计效果图，广泛应用于广告、影视、工业设计、建筑设计、三维动画、多媒体制作、游戏、辅助教学以及工程可视化等领域
2		Lightscape	Lightscape 是一种先进的光照模拟和可视化设计系统，用于对三维模型进行精确的光照模拟和灵活方便的可视化设计。它能精确模拟漫反射光线在环境中的传递，获得直接和间接的漫反射光线；使用者不需要积累丰富实际经验就能得到真实自然的设计效果。LIGHTSCAPE 可轻松使用一系列交互工具进行光能传递处理、光影跟踪和结果处理
3	Robert McNeel	AccuRender	AccuRender 拥有图形学最新技术——辐射度算法（Radiosity），与光线跟踪算法结合，直接从 AutoCAD 三维模型中生成与照片类似的真实感渲染图像，还可以进行详细的照度分析与动态漫游动画，这一切依然在 AutoCAD 中完成
4	Advent	Artlantis	Artlantis 是用于建筑室内和室外场景的专业渲染软件，其渲染速度极快，Artlantis 与 SketchUp、3ds Max、ArchiCAD 等建筑建模软件可以无缝链接，渲染后所有的绘图与动画影像呈现让人印象深刻

八、BIM 模型检查软件

序号 NO.	软件商 Vendor	软件名称 Software Name	软件的主要功能 Major Function Description
1	Solibri	Solibri Model Checker	Solibri Model Checker(SMC) 是一款为数不多的只支持 IFC 的模型检测器，它的核心价值在于找出模型潜在的问题、冲突和违反设计规范的地方。SMC 还提供了模型可视化、步行穿越（walkthrough）、模型比较以及算量等功能

续表

九、BIM 深化设计软件

序号 NO.	软件商 Vendor	软件名称 Software Name	软件的主要功能 Major Function Description
1	Tekla	Xsteel	Xsteel 通过创建三维模型自动生成钢结构详图和各种报表。由于图纸与报表均以模型为准，而在三维模型中操纵者很容易发现构件之间连接有无错误，所以它保证了钢结构详图深化设计中构件之间的正确性。同时 Xsteel 自动生成的各种报表和接口文件（数控切割文件），可以服务于整个工程（或在设备直接使用）

十、BIM 模型综合碰撞检查软件

序号 NO.	软件商 Vendor	软件名称 Software Name	软件的主要功能 Major Function Description
1	欧特克 Autodesk	Navis-works Manage	设计到施工全过程的分析模拟软件，支持不同格式模型整合、碰撞检查、漫游、施工进度模拟与造价分析、API 应用开发和数据移动客户端
2	Bentley	Bentley Navigator	三维设计校审模块（软件），可以实现信息模型的浏览、渲染、动画、三维校审、批注、碰撞检测、施工进度模拟和动态吊 / 安装模拟等功能，与 ProjectWise 相结合，可以实现设计、校审、批注、反馈工作流程自动控制，支持 Ipad 移动终端
3	Solibri	Solibri Model Checker	Solibri Model Checker（SMC）是一款为数不多的只支持 IFC 的模型检测器，它的核心价值在于找出模型潜在的问题、冲突和违反设计规范的地方。SMC 还提供了模型可视化、步行穿越（walkthrough）、模型比较以及算量等功能

十一、BIM 造价管理软件

序号 NO.	软件商 Vendor	软件名称 Software Name	软件的主要功能 Major Function Description
1	U.S. COST	Innovaya	用户可以利用成本预算程序的数据格式将建筑信息模型从 Revit 中导出并发送给预算员，然后预算员用成本预算解决方案打开建筑信息模型，开始成本预算流程
2	Solibri	Solibri Model Checker	Solibri Model Checker（SMC）是一款为数不多的只支持 IFC 的模型检测器，它的核心价值在于找出模型潜在的问题、冲突和违反设计规范的地方。SMC 还提供了模型可视化、步行穿越（walkthrough）、模型比较以及算量等功能
3	鲁班软件集团	鲁班	鲁班软件集团已成长为业内唯一拥有一大高端咨询服务（鲁班咨询）、五大基础数据解决方案（BIM、量、价、企业定额、全过程造价管理）、三大支撑体系（鲁班大学、鲁班测量、鲁班传媒）的工程基础数据整体解决方案供应商，已成为中国建筑业信息化决定性力量之一
4	北京互联立方技术服务有限公司	isBIM 工具集软件	提供基于 Revit 开发的一系列设计工具，可实现辅助 Revit 快速建模、碰撞检查、图纸生成等功能

十二、BIM 运营管理软件

序号 NO.	软件商 Vendor	软件名称 Software Name	软件的主要功能 Major Function Description
1	ARCHIBUS，Inc	Archibus	利用 ARCHIBUS/TIFM，用户可以在单一、完善及集成的统一平台的解决方案上作出明智的战略性决策，以有效地降低资产生命周期成本，增加整体效率及盈利能力

十三、二维绘图软件

序号 NO.	软件商 Vendor	软件名称 Software Name	软件的主要功能 Major Function Description
1	欧特克 Autodesk	AutoCAD	AutoCAD 用于二维绘图、详细绘制、设计文档和基本三维设计，在全球广泛使用，可以用于土木建筑，装饰装潢，工业制图，工程制图，电子工业，服装加工等多方面领域
2	Bentley	Micro-Station	3D(包含 2D) 设计平台软件，提供面向 BIM 全三维设计环境，具有大数据量的处理能力，同时具有良好的兼容性和开放性，全面兼容 DWG、SKP、3ds 等常用工程内容格式，提供照片般真实的渲染和动画功能

续表

十四、BIM 发布审核软件

序号 NO.	软件商 Vendor	软件名称 Software Name	软件的主要功能 Major Function Description
1	欧特克 Autodesk	Autodesk Design Review	利用 Autodesk Design Review 软件可加速设计流程。这款免费、集成的解决方案可用于查看、审阅、标记、测量与追踪地图与场地设计的变更。Design Review 能帮助非 CAD 用户更轻松地访问设计，更高效地使用 AutoCAD Map3D 和 AutoCAD 软件应用提供的高质量数据
2	Adobe	Adobe PDF	可移植文档格式 (PDF)，是由 Adobe Systems 发明的一种开放式电子文档交换标准，历经 20 年不断完善，现在由国际标准化组织 (ISO) 来维护。在将文档、表单、图形和网页转换为 PDF 时，其外观与打印时相似。但与打印的文档不同，PDF 文件可以包含可单击的链接和按钮、表单字段、视频和音频，以及帮助自动完成常规业务流程的逻辑

附录3

BIM技术在国内重大建设项目中的应用

序号	建筑名称	建造时间	建筑概况	BIM技术应用	设计者/设计公司	建筑规模
1	上海中心大厦	2008年11月底开，2014年12月土建基本竣工	上海中心项目位于上海浦东陆家嘴地区，主体建筑结构高度为580m，总高度632m，共121层，新的中国第一高楼，在世界超高层建筑中排名前三	从建筑全生命周期的角度出发，以现代信息技术为手段，在建筑设计、施工、运营和维修直至拆除全过程中有效控制工程信息采集、加工、存储和交流，用经过处理的信息流指导和控制项目建设的物质流，支持项目管理者进行规划、协调和控制	美国Gensler建筑设计事务所（方案）、同济大学建筑设计研究院（施工图）	433954m^2
2	国家游泳中心	2003年12月开工，2008年1月验收	国家游泳中心（水立方）项目使用了近3000个气枕组成外檐功能膜，覆盖面积达10万m^2，是世界上唯一的完全由膜结构组成的全封闭建筑物	设计组使用了基于BIM技术的软件，很快完成了项目3D模型的建立，并利用BIM的信息参数化功能准确地生成了平面和立面工程图	中国建筑工程总公司、澳大利亚PTW建筑师事务所、ARUP奥雅纳工程顾问有限公司联合设计	79532m^2
3	上海世博会国家电网企业馆	2009年开工，2009年年底完成土建，2010年5月1日正式开馆	国家电网企业馆坐落在上海世博会浦西园区，用地面积4000m^2。国家电网馆以“创新，点亮梦想”为主题，展现未来自然、人和社会的和谐共生关系	应用BIM技术使该项目在设计阶段就能从全生命周期的角度考虑成本和效益，同时基于BIM技术的建筑性能分析，既保证了参观人员的舒适度，同时也体现了绿色节能理念。在施工阶段，BIM模型与进度计划结合实现了4D应用，再与工程造价结合实现了5D应用，最大限度发挥业主资金效益。在运营管理阶段，通过将BIM与传统的运营管理系统结合，为世博会国家电网馆的日常运行和维护提供可视化的优质服务	赵小均	5560m^2
4	上海世博会中国国家馆	2007年12月开工，2010年2月竣工	上海世博会中国国家馆，以城市发展中的中华智慧为主题，表现出了“东方之冠、鼎盛中华、天下粮仓、富庶百姓”的中国文化精神与气质。展馆的展示以“寻觅”为主线，带领参观者行走在“东方足迹”“寻觅之旅”“低碳行动”三个展区，在“寻觅”中发现并感悟城市发展中的中华智慧。世博会结束后，更名为中华艺术宫	中国馆的钢结构部分十分复杂，该项目工期紧、设计变更多。通过采用Tekla Structures建模，利用其强大的节点处理能力和多用户协同工作模式，为工程进度节省了时间，模型和图纸的永久关联保证了构件准确制造，最终Tekla在技术和质量上获得了承包单位和项目业主的一致好评	何镜堂	105879m^2

续表

序号	建筑名称	建造时间	建筑概况	BIM 技术应用	设计者 / 设计公司	建筑规模
5	上海世博会德国国家馆	2008 年 11 月开工，2009 年 7 月封顶	上海世博会德国馆以“和谐城市”为主题，旨在传达“都市本来就是一种和谐之美，在城市与自然之间、创新与传统之间、全球化与国家特色之间需要争取平衡，求得和谐”	通过借助 Revit、Navisworks 等系列基于 BIM 平台的三维软件，解决了项目本身空间关系复杂、三维协同设计及管线综合等难点问题。同时，通过建筑信息模型的建立，更好地完善了设计、施工等项目参与各方之间的数据共享与传输，提升了 BIM 理念在我国典型工程中的应用水平	米拉联合设计策划有限公司	$6000m^2$
6	天津港国际邮轮码头	2008 年 7 月 31 日竣工验收，2009 年 9 月中旬封顶	天津港国际邮轮码头作为天津港历史上最大的邮轮码头工程，位于天津港东疆港区南端岸线，主要包括水工码头、客运大厦和设备采购安装等三部分。其中，客运大厦部分为地下局部 1 层、地上局部 5 层，采用钢结构框架支撑结构	天津港的 BIM 应用较以前更为深入。在设计前期，项目组利用 BIM 软件的分析功能进行空间形体推敲、日照模拟、人员流动分析等，重点进行能源分析。最终完成了天津港建筑、结构、机电全专业建模，同时还得出各专业间交互碰撞分析报告	中建国际设计顾问有限公司	70 万 m^2
7	北京市政务服务中心	2013 年 6 月施工图设计完成，2015 年 10 月投入使用	北京市政服务中心项目总建筑面积为 20.6 万 m^2，结构形式为框架 – 剪力墙结构，地下 3 层，地上最高 23 层，最大檐高 100m	该项目属于行政办公用楼，管线综合部分较为复杂，且项目的施工质量等要求较高，为保证项目的合理施工，项目组基于 BIM 技术，进行了 4D 施工进度模拟、数字化建造、施工配合和管线综合碰撞检测等	北京市建筑工程研究院有限责任公司	20.6 万 m^2
8	徐州奥体中心体育场	2010 年 12 月奠基，2014 年 5 月竣工	徐州奥林匹克体育中心由代表体育场馆设计国际水准的中国建筑西南设计研究院设计，以反映两汉文化特色的“玉、帛”为构思源泉，充分体现“化干戈为玉帛”的设计主题，不仅弘扬奥林匹克精神，而且生动地再现了徐州由昔日兵家必争之地向今日商贾云集之城转变的辉煌历程	本工程属于创新的结构体系，传力路径曲折、受力复杂、施工难度大。应用项目组研发的“基于 BIM 的预应力钢结构全过程施工控制及监测技术”，对徐州奥体中心体育场的施工过程、复杂施工工艺、施工进度模拟及施工过程安全监测进行了指导和应用。通过 BIM 技术应用，将模型同时间、成本结合起来，从而对建设项目进行直观的施工管理，节约了成本，提高了生产率，减少了不必要的材料和劳动力浪费	中国建筑西南设计研究院	24 万 m^2
9	南京鼓楼医院	2005年奠基，2012年11月投入使用	南京鼓楼医院，别称南京大学医学院附属鼓楼医院，位于南京市中心鼓楼广场南侧，毗邻南京大学，是一所集医疗、教学、科研为一体的大型综合性三级甲等医院	引用了先进的 BIM 技术，将复杂的管线设备通过信息技术进行模拟，实现了施工可视化。通过计算机信息模型，技术员可以轻松掌握施工流程和施工要领，减少了管线安装过程中容易出现的碰撞问题，避免因为返工延误工期	瑞士 LEMEN（莱蒙）建筑设计事务所	22.48 万 m^2

续表

序号	建筑名称	建造时间	建筑概况	BIM 技术应用	设计者 / 设计公司	建筑规模
10	银河 SOHO	2009 年年底动工，2012 年 12 月正式落成	SOHO 中国旗下的银河 SOHO 位于北京内城罕有的大型地块。这是一个占地 5 万多 m^2、总建筑面积 33 万 m^2、集商业办公于一身的大型综合项目。银河 SOHO 使用了多项绿色建筑的先进技术，比如高性能的幕墙系统、日光采集、百分之百的地下停车、污水循环利用、高效率的采暖与空调系统、无氟氯化碳的制冷方式以及优质的建筑自动化体系	SOHO 项目尝试将 BIM 应用于运维管理，在运维系统中将 BIM 与能源管理系统、BA 系统、停车管理系统等对接，利用 BIM 运维平台实现业主的物业管理	扎哈·哈迪德	33 万 m^2
11	肇庆阅江大桥	2012 年 9 月开工，预计于 2015 年年底前竣工	肇庆阅江大桥是中国广东省肇庆市一条在建的大型公路桥梁，横跨西江连接端州区与高要市城区，将是当地第三条跨西江桥梁。建成后将有效地提高肇庆市区交通来往西江两岸的效率	路桥集团的 BIM 应用是基于项目层的，在阅江大桥项目派驻了工程师，既负责 BIM 的建模与应用，也负责项目重要工序的结构分析与技术支撑。在此期间，随时根据建立模型所发现的问题动态调整方案，也会根据方案和设计图纸的变化随时调整模型，使 BIM 技术与项目日常管理融为一体	肇庆市公路勘察设计院	规划设计长度为 3406m，桥梁长度为 2922m，主桥的主跨 338m
12	天津永利大厦项目	2014 年 4 月开工，预计 2015 年 12 月竣工	项目位于天津市河西区郁江道与五号堤路交口，建筑总高度为 107m，分 A、B、C 三塔，施工现场场地小、工期紧、专业队伍多、材料多、工序复杂，总承包对现场的项目管理存在各种各样的难点	永利大厦项目选择广联达 BIM5D 软件作为基于 BIM 模型的项目管理工具，通过 BIM 模型集成进度、预算、资源、施工组织等关键信息，对施工过程进行模拟，及时为施工物资、商务、进度、生产等重要环节提供准确的界面切分、资源消耗、技术要求等核心数据，提升沟通和决策效率，从而达到节约时间和成本、提升项目管理水平的目的	天津中天建都市建筑设计有限公司	83564.3m^2
13	辛亥革命博物馆	2008 年设计，2011 年竣工	该项目是为纪念辛亥革命·武昌首义 100 周年而兴建的一座专题博物馆。项目位于武汉市武昌区首义广场南侧，共分四层，地下一层，层高 5.4m；地上三层，层高分别为 7.2m、7.2m 和 6.6m 建筑总高度为 22.5m	综合使用 Rhino、Revit、CATIA、Navisworks、Tekla 等多种三维设计软件，最终通过 BIM 技术的整合，解决了建筑造型的不规则、外墙分格的不重复带来的三维空间定位的难题，对每个分格点均实现了三维空间定位。同时通过三维信息模型便于可视化的特点，解决设计中复杂空间难题	中信建筑设计研究总院有限公司	22138m^2
14	新疆克拉玛依云计算产业园	2014 年 6 月动工，预计 2015 年完工	建筑的设计主旨是打造一个适于创意产业文化，提供共享设施和社交空间的产业园。项目占地面积近 5 万 m^2，将为若干软件公司提供办公空间	借助建筑信息模型（BIM），设计出的模块化建筑符合中国绿色建筑标准，将成为克拉玛依市首例绿色建筑试点项目，使项目的未来扩建更加轻松，成本效率更高	Atkins（阿特金斯顾问公司）	

续表

序号	建筑名称	建造时间	建筑概况	BIM 技术应用	设计者 / 设计公司	建筑规模
15	中国建筑技术中心实验楼	2011 年 11 月奠基，2013 年 3 月开工，2014 年 4 月竣工	中国建筑技术中心实验楼位于北京顺义林河开发园区内，这是一个较为特殊的项目。建成后，它将是一个建筑科研中心，作为一个科研平台而投入使用。因此，它的建筑构成，也与常规建筑有所不同	清水混凝土外挂板芯片 RFID 技术的引入，有效缩短了预制构件生产周期、减少了各方库存，实现了预制构件设计、生产、运输、施工的信息共享，各方计划联动，制造源头控制等过程监控。而且，由于芯片可以伴随外挂板终身，从而实现全生命期质量追溯	中国中建设计集团有限公司	45919.85m^2
16	Z15 “中国尊”	2013 年 7 月开工，预计 2018 年 9 月竣工	“中国尊”项目位于北京 CBD 核心区中轴线上，总占地面积约 1.15hm^2；总建筑面积为 43.7 万 m^2，地上 35 万 m^2、地下 8.7 万 m^2，地上 108 层、地下 7 层；高度达到 528m，建成后将成为北京第一高楼，成为北京新的地标性建筑	项目实现了复杂大型建筑项目的可管理性。模型走在图纸之前的 BIM 设计过程可以更好地在前期就对设计内容进行比传统方式更深层次的研究，不仅仅是专业间的协调，更有益的是对设计内容的梳理和思考。对于多种数据的处理是保证 BIM 顺利实施的基础，鉴于当前阶段 BIM 数据的半结构化的特点，通过对 BIM 模型信息的抽取，对数据进行结构化处理，产生项目数据库，并将一些不适宜直接存储在 BIM 模型的数据和 BIM 模型进行链接，最终形成可直接快速查询应用的项目 BIM 数据库	KPF 建筑师事务所（Kohn Pedersen Fox Associates）、北京市建筑设计研究院有限公司	43.7 万 m^2
17	天津周大福金融中心	2009 年 11 月奠基，2014 年 4 月开工预计 2018 年竣工	周大福金融中心主楼高达 530m，2018 年竣工后将成为世界第九高楼，也是天津滨海新区主体建筑群中的核心标志。该塔楼基坑最大深度 32.3m，是目前天津房建领域开挖最深的基坑，是国内施工难度最大的超高建筑之一	周大福金融中心项目将采用建筑信息模型技术，将建筑工程项目的各项相关信息数据作为模型的基础，通过数字信息仿真模拟建筑物所具有的真实信息，提高施工的效率，保证项目施工的准确性和协调性	佩利·克拉克·佩利建筑事务所（Peli Clarke Peli Architects）	39 万 m^2
18	乌鲁木齐高铁火车站	2013 年开工，2014 年年底竣工	乌鲁木齐是古古丝绸之路上的重镇，近年来，作为中国面向中西亚的桥头堡，正在迅速崛起。乌鲁木齐新客站作为全国特大型省会级枢纽级火车站，依托不可替代的西北门户的区位条件，以及高铁枢纽的综合交通优势，必将成为未来面向中亚、辐射全疆的强大功能核心和战略枢纽	乌鲁木齐高铁火车站项目 BIM 模型包含的信息能满足参建各方的全生命周期需要，实现节能、节水、节地、节材和环境保护等绿色理念。基于 BIM 平台的整合设计，完成声学、光学、消防疏散、CFD 空调模拟、室内设计、低碳设计等各专题设计任务，提升了设计水准。并通过虚拟现实及可视化专题研究，实现 BIM 技术对施工方、业主方、运营方的推广，降低技术门槛	中信建筑设计研究总院有限公司	站房总面积达 10 万 m^2，雨棚 7 万 m^2

续表

序号	建筑名称	建造时间	建筑概况	BIM 技术应用	设计者 / 设计公司	建筑规模
19	北京财富中心写字楼	2009年9月开工，2013年投入使用	北京财富中心写字楼工程位于北京市朝阳区东三环，是2009年北京市重点建设项目之一。该工程总建筑面积175919m²，地上58层，地下4层，高265m，是北京CBD区域最为高端的写字楼之一，是北京第二高楼。北京财富中心写字楼整个建筑结构形式为型钢混凝土框架一核心筒组合结构，基础形式为筏板基础	通过本工程对BIM技术使用的尝试，虽然施工前要投入一定技术人员深化图纸，但解决了各专业碰撞问题，避免了后期拆改造成的材料和人工浪费，取得了良好的经济效益。经过对本工程BIM技术使用的初步估算，节省人工费、材料费达上百万元，缩短工期3个月之久	巴马丹拿国际集团(P&TGroup)	17.6万m²
20	青岛华润万象城	2012年12月开工，预计2015年12月完工	青岛华润中心万象城项目是集高端商业、餐饮娱乐、办公、会所及高档公寓式酒店于一体的大型商业综合开发项目。本项目总建筑面积53.2万m²，具体为：三层地下室、7层地上主体商业、40层的办公塔楼、36层的公寓楼。写字楼总高199.8m，公寓楼总高145.8m，主体商业总高55.0m	利用Revit Structure对复杂的节点进行了三维深化，钢结构部分利用钢结构深化的Xsteel模型，导入Revit平台，然后对该节点进行钢筋优化排布。完成之后对钢筋班组进行技术交底，并且利用直观三维图片指导施工。将标准尺寸的施工电梯和塔吊的族，放入整体结构模型中，导入塔吊和施工电梯二维布置定位图，完成结构绘制，然后导入Navisworks软件，实现三维可视效果图	凯里森建筑事务所	53.2万m²

参 考 文 献

[1] 何关培. BIM 总论 [M]. 北京：中国建筑工业出版社，2011.

[2] 清华大学 BIM 课题组. 中国建筑信息模型标准框架研究 [M]. 北京：中国建筑工业出版社，2011.

[3] 欧阳东. BIM 技术——第二次建筑设计革命 [M]. 北京：中国建筑工业出版社，2013.

[4] 葛清. BIM 第一维度——项目不同阶段的 BIM 应用 [M]. 北京：中国建筑工业出版社，2013：20.

[5] 葛文兰. BIM 第二维度——项目不同参与方的 BIM 应用 [M]. 北京：中国建筑工业出版社，2011：71.

[6] 龙恩深. 建筑能耗基因理论与建筑节能实践 [M]. 北京：科学出版社，2009.

[7] 清华大学 BIM 课题组，互联立方（isBIM）公司 BIM 课题组. 设计企业 BIM 实施标准指南 [M]. 北京：中国建筑工业出版社，2013.

[8] 刘烈辉. 信息化时代的室内设计——建筑信息模型及其在室内设计中的应用 [J]. 装饰，2010（2）.

[9] 过俊. BIM 在国内建筑全生命周期的典型应用 [J]. 建筑技艺，2011，Z1.

[10] 傅筱. 建筑信息模型带来的设计思维和方法的转型 [J]. 建筑学报，2009（1）:77-80.

[11] 大桥谕，梁灏翔. 过程与挑战——银河 SOHO 的设计与建造 [J]. 建筑技艺，2014（8）：84-95.

[12] 何关培. BIM 和 BIM 相关软件 [J]. 土木建筑工程信息技术，2010（4）.

[13] 杨宝明. BIM 技术推动中国建筑业走进智慧建造时代 [J]. 建筑时报，2014（4）.

[14] 何建军. 施工企业进行 BIM 技术培训的建议 [J]. 土木建筑工程信息技术，2012（9）.

[15] 傅筱. 建筑信息模型带来的设计思维和方法的转型 [J]. 建筑学报，2009（1）:77-80.

[16] 孙成双，江帆，满庆鹏. BIM 技术在建筑业的应用能力评述 [J]. 工程管理学报，2014（6）.

[17] 佟曾，王代兵. BIM 在建筑绿色节能设计中的应用探讨 [J]. 辽宁经济，2013（11）.

[18] 叶炜，程凯. BIM 技术在乌鲁木齐高铁火车站设计中的应用 [J]. 建筑技艺，2014（2）.

[19] “AEC（UK）BIM 标准”项目委员会. AEC（UK）BIM Standard for Autodesk Revit v1. 0 [S]. 2010.

[20] 北京市勘察设计和测绘地理信息管理办公室，北京工程勘察设计行业协会. DB11/T 1069—2014 民用建筑信息模型设计标准 [S]. 北京：北京市城乡规划标准化办公室，2014.

[21] 维基百科. http://zh.wikipedia.org/wiki/ 建筑信息模型 #cite_note-1.